理科の授業で大学入試問題を解きほぐす

すべての答えは 小学校理科にある
＜力と運動編＞

山下 芳樹 著

電気書院

はじめに

　本書は小学校、中学校、そして高等学校で学ぶ理科や物理の中の力のはたらきや力がひき起こすさまざまな運動をテーマとしています。その趣旨は、本書の姉妹編である「電気・磁気編」と同じで、題材を大学入試や高校入試の問題とし、こうすれば必ず解けるんだという「解答へのひっかかり」を小学校5年生や6年生で学んだ振り子の運動やてこのつり合いに求めつつ、豊富な実例とともにわかりやすく解説しています。理科の基礎基本は小学校理科の学びにあることを、力と運動についても実感していただきたいのです。

　本書を手に取られた皆さんが、抱いておられる2つの疑問に答えながら本書の特色の一端をご紹介しましょう。

　【疑問（その1）】　小学校で学習した振り子の運動（振り子の等時性）や、てこの性質（てこのつり合い）が、中学校や高等学校で学習する理科や物理とどのような関係があるのでしょうか。

　次ページの表は、小学校や中学校、そして高等学校で学ぶ力学分野の関連性を示した力学分野学習項目一覧表です。ここには、中学校や高等学校での学習が振り子の運動やてこのつり合いとどのように結びついているかが示されています。特に、小学校理科5学年の学習単元である振り子の運動と中学校理科、高等学校物理基礎との具体的な関わりを示したものが下の箇所です。

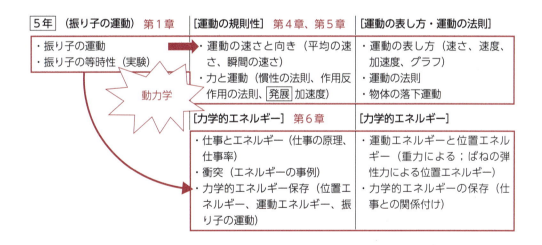

　このように、振り子の運動は中学校や高等学校で学ぶ速度や加速度など力と運動を扱う動力学の基礎として、その後の学びにしっかりと位置づいています。さらに、振り子の学習では周期の測定を通して振り子の規則正しい運動を体験しますが、この規則正しさの背後には力学的エネルギー保存の法則というより基本的な概念が潜んでおり、このことに気づくだけでも、児童や生徒にとって振り子の学習は学び甲斐のある楽しいものになり、また指導にあたる先生にとっては確かな見通しのもとに教え導くことが可能になります。断片的な知識の寄せ集めの学習ほど味気ないものはありません。

力学分野学習項目一覧表（小中高の流れ）　　　　最新版（2018年度）

小　学　校	中　学　校	高等学校（物理基礎）
3年　（風やゴムの力の働き）	[力と圧力]　第2章	[様々な力とその働き]
・風の力の働き ・ゴムの力の働き	・力の働き（力の基礎的理解） ・水中の物体に働く力 　　　　　　（水圧・浮力） ・力のつり合いと合成・分解	・様々な力、表記 ・力のつり合い（合成分解、作用反作用との相違）
・光と音の性質		
5年　（振り子の運動）　第1章	[運動の規則性]　第4章、第5章	[運動の表し方・運動の法則]
・振り子の運動 ・振り子の等時性（実験）	・運動の速さと向き（平均の速さ、瞬間の速さ） ・力と運動（慣性の法則、作用反作用の法則、発展 加速度） ・斜面の運動	・運動の表し方（速さ、速度、加速度、グラフ） ・運動の法則 ・物体の落下運動 ・**運動方程式** ・運動の3法則
6年　（てこの規則性）　第2章	[力と圧力]（既出）　第3章	[様々な力とその働き]
・てこのつり合いと重さ ・てこのつり合いの規則性 ・てこの利用	・力の働き（力とばねの伸び） ・2力のつり合い ・重さと質量の違い 注意：剛体のつり合い等に出る力のモーメントは扱わない	・水圧、浮力、大気圧 ・力の図示 注意：中学校同様、剛体関係は学習しない（剛体は選択物理で扱う）
＜事例として＞ 5年　（振り子の運動） 6年　（てこの規則性） 　かつては、斜面上の運動（衝突を含む）と振り子の運動との選択履修であった。	[力学的エネルギー]　第6章	[力学的エネルギー]
	・仕事とエネルギー（仕事の原理、仕事率） ・衝突（エネルギーの事例） ・力学的エネルギー保存（位置エネルギー、運動エネルギー、振り子の運動）	・運動エネルギーと位置エネルギー（重力による；ばねの弾性力による位置エネルギー） ・力学的エネルギーの保存（仕事との関係付け）
	・てこによる仕事・斜面による仕事・振り子の運動 ・衝突は小5から移動	・数理科学的な扱い　第7章

（注）① 小は中高につながる事例的扱い
　　　② 振り子の運動は動力学、てこのつり合いは静力学（ともにガリレイに端緒あり）

　小学校理科での学習は、振り子やてこという個別なものの性質としての学びが中心ですが、中学校や高等学校では、個別なものの性質から離れ、速度や加速度、また物体にはたらく力という、より抽象的な学びへと移ります。中学校や高等学校で学ぶより進んだ内容の基盤が、たとえ直接結びつかないようにみえても小学校での理科の体験（原体験）にあるのです。本書は、この小学校理科の体験を十分に生かした展開になっています。

　【疑問（その2）】　理科、とくに物理分野では、なぜ電気や磁気、そして力と運動に多くのページを割いているのでしょうか。

力学と電磁気を学ぶ意義は何かにつながる疑問です。

　自然現象は、いろいろな物質が複雑にからみあい、じつに多種多様です。物は「何からできているか」、「どのような振る舞いをするか」を理解するにはどうすればよいのでしょうか。それには、物の個々の性質を捨て、その結果どの物にも共通に備わっている本質的な性質をえぐり出す必要があります。

　たとえば、気体にはそれぞれ色や香りなど固有の性質があり、さまざまな反応を示します。これら多様な性質の中で、すべてはぎ取ってしまった後に残る、いわばすべての気体が共通に持つ存在を物理では問題にします。「すべての物質は原子からできている。原子はさらに原子核と電子からなり、それぞれ固有の質量と電荷を持っている」。これが私たちの得た物質観です。したがって、この前提に立てば、質量と電荷がすべての物質に共通した性質だといえます。この2つの性質のうち、力学は「質量」について、電磁気学は「電荷」について扱います。質量と電荷はより基本的な物質の性質であり、だからこそ力学と電磁気学を学ぶ意義があるのです。

　基礎的な内容ほど、日常現象とのつながり、本質とのつながりという2つの「つながり」を意識して学ぶ意味を皆さん自身が見つけ出していく、この探究的な態度こそが不確かな時代だからこそ、皆さんにとって確かな道しるべになるのではないでしょうか。

　本書では、大学入学共通テスト、大学入試センター試験、また高校入試の問題等を例題として取り上げています。問題を解くことがねらいではなく、入試問題といえども、小学校時代に培った原体験（イメージ）がいかに大切かを感じ取っていただくことが目的です。そのため、著者の責任でポイントとなるところに下線を引いたり、また表現を少し変えたりしました。改変をお認め頂いた関係機関に御礼申し上げます。

　最後に、本書は筆者がかつて高等学校や大学という教えの場で悩み続けてきたこと、そして現在では日本の大学をめざす留学生の皆さん、そして高等学校の優秀な生徒さんを前にして日々実践していることをまとめたものです。かくありたいという思いを形にしていただいた電気書院、殊に編集に当たられた田中和子さんには感謝の言葉もありません。このような貴重な体験を与えて頂いたすべての方々に、この場を借りて御礼申し上げます。

2024年7月

山下　芳樹

目　次

はじめに　　iii

第1章　振り子の運動〜時を刻む動き〜 ——————————— 1

01 振り子の等時性の背後にあるもの：
振り子の動きを決める力学的エネルギー　　2

02 エネルギーの移り変わり：変化の中の不変を求めて　　13

第2章　てこの規則性〜力と運動の基礎基本〜 ——————— 29

01 てこのはたらきの下地になるもの：原体験としてのシーソー遊び　　30

02 てこそのものの性質：つり合いの原点　　36

03 静力学への足掛かり：重心への気づき　　48

第3章　力の発見〜運動、変形すべての原因としての力〜 ————— 61

01 力とは何か：力を決める3つのポイント　　62

02 運動の変化の原因としての力の発見：運動の変化の陰に力あり　　70

第4章　さまざまな運動〜運動の表し方〜 ————————— 77

01 運動をグラフ化して分析する：時々刻々変化する運動の可視化　　78

02 落下運動と斜面上の物体の運動：
身近なイメージと $v\text{-}t$ グラフによる理解　　96

第5章　力と運動の世界〜運動を引き起こす力〜 ————————— 107

01 運動の陰に力あり：運動解明の第一歩　　108

02 ニュートンの運動の3つの法則：ニュートンのめざした世界　　111

03 運動の第2法則：方程式で表される運動の世界　　123

04 運動の法則の活用例：落下運動からばねの振動まで　　133

第6章　もう一つの運動の表し方〜保存則の世界〜 ——————— 145

01 運動量保存の法則の威力：はじめに運動の激しさがあった　　146

02 はね返りの係数（反発係数）：衝突の個性を決める係数　　153

03 人と板の2体系：運動量保存の法則の真価　　158

04 力学的エネルギー保存の法則の威力：積分でとらえる運動の世界　　163

補　章　その後のニュートン力学〜経験科学から数理科学へ〜 ——— 179

01 万有引力の成因をめぐるデカルト派とのバトル：

ニュートンを勝利に導いた形　　180

02 経験科学から数理科学へ：より基本的な原理を求めて　　181

03 最小作用の原理：自然は無駄をしない　　183

参考文献　　190

索引　　191

第一章

振り子の運動

〜時を刻む動き〜

1

第1章 振り子の運動 ―時を刻む動き―

小学校で学ぶ振り子の運動には、次の2つの学びが期待されています。

1. 振り子の等時性の背後にあるもの（振り子の運動の規則性）
2. エネルギーの移り変わり（往復運動を可能にする保存の法則）

01 振り子の等時性の背後にあるもの：振り子の動きを決める力学的エネルギー

振り子の規則的な運動の表れとして**振り子の等時性**があります。小学校で学習する振り子の等時性とは、振り子の一往復にかかる時間（周期）がおもりの質量や振れ幅に関係なく、振り子の長さだけで決まってしまうという性質です。中・高等学校へのその後の発展を考えれば、後で触れるエネルギーの視点の方が重要なのですが、小学校で振り子の運動といえば、ストップウォッチを使ってこの性質を確かめる授業が行われています。ひょっとしたらエネルギーという言葉さえ出てこないかもしれません。

しかし、振り子の規則正しい動きの背景には、中学校理科で学ぶ力学的エネルギー保存の法則が効いています。すなわち、振り子の規則正しい繰り返しの運動には、規則正しく動いてもよいという根拠が必要で、それが力学的エネルギー保存の法則なのです。この規則正しさの表れとして小学校では周期の測定を取り上げています。本書ではエネルギー保存の法則は第6章で扱います。

ところで、小学生は今も昔も、振り子の周期は振り子の長さだけが影響すると学び、信じて疑わないのですが、実際は図1でみる振れ幅 θ が大きくなるにつれて、図2のように周期への影響は無視できなくなり、振れ幅が60°にもなると約6.6%もの誤差が生じてしまいます。小学生の中には、90°近くにまで振り子を持ち上げて実験をしているようすに出会いますが、これでは振り子の等時性どころではありません。

図2では、グラフの縦軸は周期 T を、横軸は振れ幅 θ を表しています。振れ幅は小さい方がよく、誤差の大きさを考えると振れ幅は大きくても30°くらいがよいとされています。このように、振り子の等時性は振れ幅によっても影響を受けるのですね。周期の振れ幅依存性については、1章末（探究、p27）に示したように、実験による結果ではなく、少し難しい数学を駆使すればだいたいの様子がつかめるようになっています。

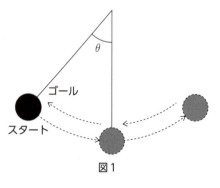

図1

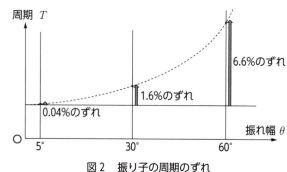

図2　振り子の周期のずれ

大学入試問題でも問われる小学校の学び

では、小学校で学ぶ振り子の運動の規則性はどのような形で大学入試問題として取り上げられているのでしょうか。出題者のねらいを探ってみましょう。まずは例題にチャレンジです。取り上げた例題は、2017年度に大学入学共通テストのプレテストとして出されたものです。ブランコを題材としていますが、ブランコは振り子の規則的な運動を直感的に体感できる遊具です。ブランコはどの公園にもあり、小学生だけでなく園児にとってもなじみ深いものです。力学的な現象に初めて接するのも、ブランコやシーソーだといえます。

では、この問題を例えば小学校の5年生に課してみたらどうでしょう。ブランコのイメージを頼りに、案外、違和感なくスラスラ解いてしまうかもしれません。18歳の高校3年生を対象とした大学入試問題を11歳の小学校5年生が解いてしまったとしたら、物理ではいかにイメージが大切かを実感できると思います。ではチャレンジです。

例題1　大学入試問題：振り子の周期
（2017年度大学入学共通テスト試行調査／物理第2問（問1）、一部改変）

ブランコがゆれているのを見て、単振り子の周期の式を思い出した。このブランコにもこの式が適用できることを前提に、その周期をより短くする方法を考えた。その方法として適当なものを次の①〜⑤のうちからすべて選べ。

① ブランコに座って乗っていた場合、板の上に立って乗る。
② ブランコに立って乗っていた場合、座って乗る。
③ ブランコのひもを短くする。
④ ブランコのひもを長くする。
⑤ ブランコの板をより重いものに交換する。

図3

正解▶　①、③

例題のねらい　なぜ難しいと感じるのか

問題文には、単振り子の周期の式 $T = 2\pi\sqrt{\dfrac{L}{g}}$ が与えられています。この式は、小学生にだってわかりません。式は記号ですから、それなりの訓練をしないと意味さえつかめないことになります。式とブランコのイメージとが結びつかないのです。

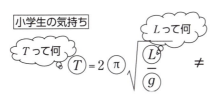 ≠

記号（一つ一つに目が行く）　　　イメージ（全体をとらえる）

慣れないうちは、式全体が何を表しているかよりも、TやLやgといった個々の記号（文字）に目が奪われてしまいがちです。いずれ、式とイメージは結びつくとしても、大切なことは式の中の個々の文字の意味ではなく、これら文字を含む式全体が何を表しているかということです。それが、イメージに結びつくのです。

さて、例題1のねらいは、まさに小学校で学習する**振り子の等時性**が身についているかどうかを問うことです。「ブランコを速く動かすにはどうすればいい？」と小学生に聞くと、ブランコ遊びの大好きな子どもたちならば、即座に

「ブランコの板の上に立ってこげばいい（立ちこぎ）」

「ブランコのひも（チェーン）を板に巻いて、ブランコの長さを短くすればいい」

と答えるでしょう。ブランコを速く動かすと周期は短くなるということは小学生も知っていますから、正解は①と③になります。簡単な問題、さぞ正答率も高かったに違いないと思われるかもしれませんが、正答率は何と21.9％で、受験した約8割の高校生が間違ってしまったのです。問題文の下線部の表現を易しくして、小学生にもわかる具体的な問いかけにすれば、おそらく小学生の正答率は100％近くになるのではないでしょうか。

ではなぜ、8割近くの高校生は間違ってしまったのでしょう。問題そのものが、高校生にとって難しかったのでしょうか。難しいから間違うとは限らないのです。では、その原因はどこにあるのでしょう。

原因を探る前に、次の問題にチャレンジしてみましょう。

 大学入試問題：振り子の周期に影響を与える条件

（2015年度大学入試センター試験／〔追試〕物理第1問（問1）、一部改変）

軽い糸の一端に小さなおもりをつけ、他端を天井につけてつるし、鉛直面内で左右に振動させる。<u>糸の長さを変えずにおもりの質量を2倍にすると、振動の周期は何倍になるか</u>。ただし、振れ幅は小さいものとする。

正解 ▶ 1倍

解　説　解くための基礎・基本　学習したことがどうしたら身につくのか

この問題には例題1のように、ブランコという身近に感じる遊具は出てきません。それどころか、「軽い糸の一端」、「鉛直面内」、「振動」、「質量」など小学生にはなかなか理解できない（イメージしづらい）言葉が並び、さらには「振動の周期は何倍になるか」という定量的な問いかけで終わっています。問題の難易でいえば、こちらの方が例題1よりも難しいという印象を受けます。しかし、例題1を解いた後なら、答えは自然と浮かんでくるのではないでしょうか。なお、小学校で学習する内容と例題2のねらいとの関係は次のとおりです。

> **【振り子の等時性】** 振り子の一往復する時間（周期）は、おもりの重さや振れ幅に関係なく、振り子の長さだけで決まってしまう **（小学校理科）**
>
> （例題の下線部）振れ幅は小さく、糸の長さを変えずにおもりの質量を2倍にする

理解という面では、小学生は振り子の等時性（振り子の規則的な運動）を言葉で覚えているというよりも、ストップウォッチをもって計測した結果として、いわば流れの中で体で覚えています。図4はその様子を表しています。子どもたちにとっては活動を通して理解することが大切です。黒板の前に出て、友達と議論するという様々な場面設定が大切なのです。この体験があるからこそ、「周期にはおもりの重さは関係ない」という言葉が即座に口をついて出てくるのです。実は、これがこの入試問題の答えです。

図4

ここで、もしこの例題2の下線部が、

「おもりの質量は変えずに振り子の長さを2倍にすると振動の周期は何倍になるか」

となっていればどうでしょう。小学校では「振り子の周期は、振り子の長さで決まる」という定性的な学びしかしませんので、振り子の長さが2倍になればという定量的な問いかけには答えられないのです。しかし、探究心旺盛な子どもたちに振り子の長さと周期の関係をグラフに書かせて（図5）、さらにそのグラフを、例えば振り子の長さと周期の2乗の関係に焼き直させれば、振り子の長さと周期の2乗は比例の関係にある（図6）ことは容易に理解することができます。なぜ周期を2乗するのかという理屈ではなく、自分たちが得た「自然からの語り掛け（自然の言葉）」としての実験結果がそのことを物語っているのです。

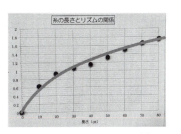

振り子の長さと周期の関係
図5

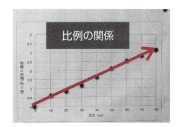

振り子の長さと周期の2乗の関係
図6

このグラフがあれば、振り子の長さが2倍になれば、そのときの振り子の周期は$\sqrt{2}$倍になることは導き出せるに違いありません。事実、図5や図6のグラフは活動の結果として子どもたち自身が導き出したものです。小学校時代に深く体験しなかった高校生ならば、正答率は先の例題1よりもさらに悪く、数％台にまで落ち込むことでしょう。

「振り子の等時性の背景には、中学校理科で学ぶ力学的エネルギー保存の法則が関係している」と指摘しましたが、ここで次の啓介や美佳の疑問に答える必要がありそうです。二人は共に

第1章 振り子の運動 ―時を刻む動き―

物理を習い始めた高校生で、いわば読者代表という位置づけです。

啓介と美佳の疑問

啓介： 確かに、振り子の周期は振り子の長さだけで決まった。振り子の長さが4倍になれば周期は2倍。小学生の実験結果もそうなっていた。

美佳： これって振り子の長さと、そのときの周期に着目したときの**運動の性質**だけど、運動というとおもりの速さや、そのときのおもりの位置が時々刻々変化するというイメージの方が強いわね。

啓介： 振り子の運動では、力学的エネルギーも変化しないって中学校の理科の授業で聞いたことがある。おもりの速さやその位置の変化と、振り子の等時性とはどんな関係にあるんだろう。

美佳： 力学的エネルギー保存の法則と、振り子の等時性との関係ね……。力学的エネルギー保存の法則から振り子の等時性って導けるのかしら。

啓介と美佳の疑問に答えよう〜力学的エネルギーと振り子の等時性の関係〜

　小学校5学年の教材である「振り子の運動」ですが、中学校では、この振り子の等時性には触れず、力学的エネルギー保存の法則が成り立つ（可視化できる）好例として登場します。振り子の等時性と力学的エネルギー保存則とはどのような関係にあるのでしょうか。

　振り子の等時性も、また力学的エネルギー保存の法則もともに、「振り子の運動の規則性」の表れなのですが、より基本的な考え方は力学的エネルギー保存の法則にあります。この力学的エネルギー保存の法則を手掛かりに「振り子の等時性」を導いてみましょう。

　まず、図7のように、振り子Qは、振り子Pと同じ運動をしている、いわばPの運動を長さLに移した運動の様子と考えます。

　振り子PとQの違いは、

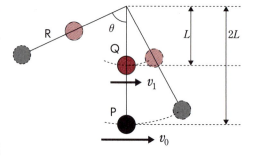

もし周期が振り子の長さに依存しないとしたらPの動きはQと一致する

図7

振り子P：振り子の長さが$2L$
振り子Q：振り子の長さがL

 仮定
周期（リズム）は同じ

ということです。では、この仮定の下で、ともに最下点にある状態で、このときの振り子Pと

振り子Qの速さの関係を求めましょう。

仮定から2つの振り子は同じリズム（同じ周期）で運動しています。この最下点付近では、図7に表した速さ（v_1やv_0）で等速円運動していると考えてもかまいません。角速度（一回りする時間で角度（360°）を割った値）がともに等しく、それを記号ωで表しますと、v_1やv_0は$v_1 = L\omega$、$v_0 = 2L\omega$と書けますので、両者の関係は次のようになります。

$$v_1 = \frac{1}{2}v_0 \cdot \cdot \cdot ①$$

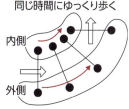

Qの方がPよりも短い距離を同じ時間（周期）で運動しますので、①式はもっともな関係です。これは、図8のように、子どもたちが隊列を組んで角を曲がって行進する様子をイメージするとよいでしょう。歩く距離の短い内側の子どもは、歩く距離の長い外側の子どもよりもゆっくり歩くことで、隊列を乱すことなくうまく角を曲がれるのです。

図8

次に、振り子の長さがLの振り子Qの**実際の運動**を調べてみましょう。**力学的エネルギー保存の法則**を用いて求めると、図9のように、PとQはともに同じ位置R（鉛直方向とのなす角度が同じθ）から静かに放しているので、それぞれ次のように表すことができます。

$$\frac{1}{2}mv_1'^2 = mgL(1-\cos\theta), \quad \frac{1}{2}mv_0^2 = mg2L(1-\cos\theta) \cdot \cdot \cdot ②$$

②式では、図9のように、振り子Qの最下点での実際の速さをv_1'のようにダッシュをつけて表しました。そうすると、速さの関係は②式より

$$v_1' = \frac{1}{\sqrt{2}}v_0 \cdot \cdot \cdot ③$$

となります。これが、振り子Pと振り子Qの本当の関係です。

ここで、①式と③式を比較してみましょう。

①式は、周期が振り子の長さにも関係しないとしたときの関係式です。一方③式は、力学的エネルギー保存の法則が成り立つとしたときの振り子Pと振り子Qの本当の関係式です。

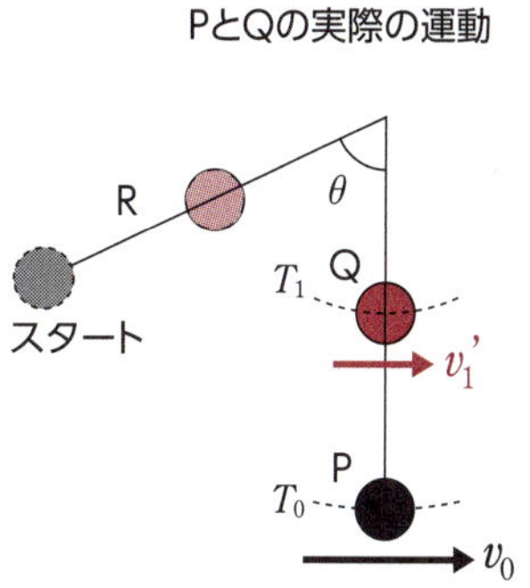

この①式と③式を比べると、

$$v_1 = \frac{1}{\sqrt{2}}v_1' \cdot \cdot \cdot ④$$

図9

から、振り子Pと同じ運動をするQは、力学的エネルギー保存の法則に基づいて運動する（実際の）Qの運動と比べて$\frac{1}{\sqrt{2}}$倍だけスローになっています（←実際のQの運動の方が速い）。言い換えると、実際のQの運動の周期をT_1としたとき、振り子Pと同じ運動をするQの周期T_0（T_0は振り子Pの周期）は、運動がスローになった分だけ（すなわち、$\sqrt{2}$倍だけ）、T_1よりも時間が長くなっていることになります。すなわち、

$$T_0 = \sqrt{2} \times T_1$$

振り子の長さが $2L$ の周期　　　　振り子の長さが L の周期

振り子の長さが2倍になると、周期は $\sqrt{2}$ 倍になるという、小学校5学年で登場する振り子の等時性：

「振り子の周期は、振り子の長さだけに関係して、おもりの質量や、振れ幅には関係しない」

や、さらに一歩進めて

「振り子の長さが k 倍になれば、振り子の周期は $\sqrt{k}$ 倍になる」

ことが導けるのです。この振り子の等時性の背景には、②式という力学的エネルギー保存の法則があったのです。

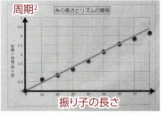

図10

高校物理では、振り子の振幅が非常に小さいと仮定して単振動（これは、ばねの運動）とみなし、この振り子の長さ L と周期 T との関係 $T = 2\pi\sqrt{\dfrac{L}{g}}$ を導きます。以上の考察ではこの式の形まではわかりませんが、周期 T と振り子の長さ L の関係はわかります。

振り子の実験から何を学ぶか

小学校で体験した振り子の実験についての問題が、次の例題3です。この問題もまた、例題1同様、思考力・判断力を問う大学入学共通テストのプレテストとして出題されたものです。

> **例題3　大学入試問題：振り子の周期の測定**
> （2017年度大学入学共通テスト試行調査／物理第2問（問2）、一部改変）
>
> 小学校で振り子について学んだときのことを思い出した太郎と花子は、物理実験室に戻り、その結果や実験方法を見直してみることにした。二人は実験方法について、次のように話し合った。
>
> 太郎：振り子が10回振動する時間をストップウォッチで測定し、周期を求めることにしよう。
>
> 花子：小学校のときには振動の端を目印に、つまり、おもりの動きが向きを変える瞬間にストップウォッチを押していたね。
>
> 太郎：他の位置、たとえば中心でも、目印をしておけばきちんと測定できると思う。
>
> 花子：端と中心ではどちらがより正確なのかしら。実験をして調べてみましょう。 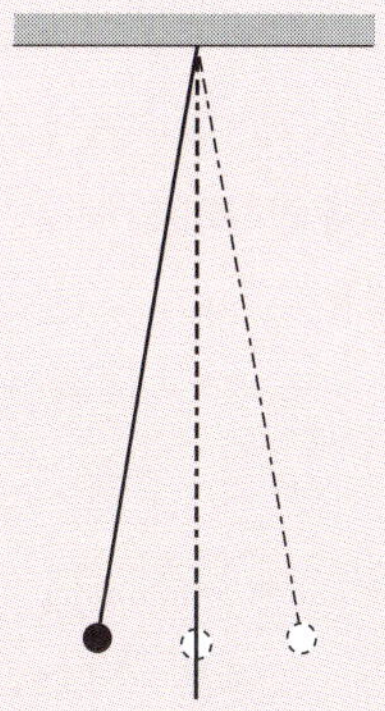
>
>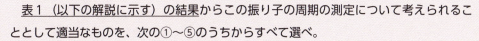
> 目印
> 図11
>
> 表1（以下の解説に示す）の結果からこの振り子の周期の測定について考えられることとして適当なものを、次の①～⑤のうちからすべて選べ。
>
> ① 振動の端で測定した方が、測定値のばらつきが大きく、より正確であった。
> ② 振動の端で測定した方が、測定値のばらつきが小さく、より正確であった。
> ③ 振動の中心で測定した方が、測定値のばらつきが大きく、より正確であった。
> ④ 振動の中心で測定した方が、測定値のばらつきが小さく、より正確であった。
> ⑤ 振り子が静止している瞬間の方が、より正確にストップウォッチを押すことができた。
>
> 正解 ▶ ④

例題のねらい　なぜ難しいと感じるのか

例題のねらいは「振り子の周期について、与えられた情報を基に、振動の端で測定したときと、中心で測定したときのそれぞれの測定結果に関して考察する」ことです。すなわち、振動の端で測定したときの実験結果と振動の中心で測定したときの実験結果を比較して、その違いを正しく読み取れるかどうかを問うているのです。表1の(a)、(b)の値から判断するのですが、このときの測定値の見方の基準は次の2つです。

① **実験結果の傾向を知る。**
② **最大値と最小値を取り除く。**

平均値は14.32と14.31ですから、(a) と (b) にほとんど差はなく、端で測ろうと中心で測ろうと違いはないということになります。2つの表で異なっているのは、毎回の測定結果のばらつき方です。では、測定の際の気を付けるべき基準に照らして考えてみましょう。

①の**実験結果の傾向**では、端で測った方がばらつきは大きく、また②の**最大値と最小値を取り除いた**後の結果を見ても、次のように振動の中心での測定は、測定値のほとんどが平均値のまわりの値になっていることがわかります。

(a) →14.19と14.47を取り除く

14.22、14.25、14.31、14.35、14.37、14.44

(b) →14.28と14.32を取り除く

14.31

表1　測定結果

(a) 振動の端で測定した場合		(b) 振動の中心で測定した場合	
測定〔回目〕	周期×10〔s〕	測定〔回目〕	周期×10〔s〕
1	14.22	1	14.32
2	14.44	2	14.31
3	14.31	3	14.32
4	14.37	4	14.31
5	14.35	5	14.31
6	14.19	6	14.31
7	14.25	7	14.32
8	14.47	8	14.28
9	14.22	9	14.32
10	14.35	10	14.28
平均値	14.32	平均値	14.31

差なし

つまりは、「端での測定は、測定が難しい（より正確にストップウォッチを押すことができていない）」という評価になります。このことは小学生にだって容易に理解できます。この問題の正答率は75.6％ですが、逆に高校3年生でも約25％の生徒が、この数字の傾向が読み取れず、正解に至らなかったのです。令和の時代は、ビッグデータに代表されるように多量のデータから、そのデータの示す傾向を読み取る能力が特に求められています。このような実験値の個々のデータから何を読み取るかという出題は増加する傾向にあります。

例題3の問題文中の太郎と花子の会話で、冒頭で太郎が「振り子が10回振動する時間をストップウォッチで測定し」と言っています。なぜ、1振動する時間（周期）を求めるのに、わざわざ10回も振動させて、それをまた10で割っているのでしょうか。振れる回数の多い方がよいのであれば、なぜ20回とか100回ではないのでしょうか。試験問題として、このような問いかけをしたならば、さらに正答率は下がると思われます。小学校での振り子の実験に主体的に関わっていたかどうか、探究的な姿勢で臨んでいたかどうかで正答率は変わるのです。

測定のタイミングの難しさから、小学校では端での測定が主流です。ここで1振動あたりの測定に伴う誤差の値を E としましょう。10振動ごとに1回測定し、それを測定回数の10で割ると、1振動あたりの測定の誤差を $\frac{E}{10}$ に抑えることができます。誤差を完全に0にすることはできませんが、振動の回数が多くなるほど（分母の値が大きくなるほど）、測定に伴う誤差は小さくなります。それならば、20回、100回振らせる方がよいのではないかという疑問が生じます。しかし、振動回数が増えれば増えるほど、おもりにかかる空気抵抗等の影響が無視できず、振れ幅や振動面の変化など振動の様子自体が変わってしまうのです。このような実験に伴う技法は、実験してみて初めて気づくことです。

この種の問題の背景には、理科の見方・考え方の「考え方」を探ろうという出題者の意図がはたらいています。自然現象を計測する（自然の言葉を聞く）という操作は振り子に限らず、自然現象のあらゆる場面で登場します。理科特有の自然へのアプローチのしかた、すなわち実験や観察の手法は、実験結果としての知識とともに、技能を駆使し新たな知を創造する探究のしかたとして、これからの理科の学びを特色づけるものといえるでしょう。

例題3は振り子の実験、特に測定値の扱いに関するものでしたが、この設問の次に、次のような問いがあります。公式の成り立ちに関する設問です。

例題4　大学入試問題：振り子の周期の公式の成り立ち

（2017年度大学入学共通テスト試行調査／物理第2問（問3）、一部改変）

下の式の右辺には振幅が含まれていない。この式が本当に成り立つのか、疑問に思った太郎と花子は、振れはじめの角度だけを様々に変更した同様の実験を行い、確かめることにした。表2はその結果である。

表2　実験結果（平均値）

振れはじめの角度	周期〔s〕
10°	1.43
45°	1.50
70°	1.56

二人が示した学校で習った式　$T = 2\pi\sqrt{\dfrac{L}{g}}$

表2の結果に基づく考察として合理的なものを、次の①〜③のうちからすべて選べ。

① 上式には、振幅が含まれていないので、振幅を変えても周期は変化しない。したがって、表2のように、振幅によって周期が変化する結果が得られたということは測定か数値の処理に誤りがある。

② 上式は、振動の角度が小さい場合の式なので、振動の角度が大きいほど実測値との差が大きい。

③ 実験の間、糸の長さが変化しなかったとみなしてよい場合、「振り子の周期は、振幅が大きいほど長い」という仮説を立てることができる。

正解 ▶　②、③

解説　解くための基礎・基本　公式が成り立つ条件への配慮

問題文中にある式の T や L は、それぞれ振り子の周期（1往復する時間）や振り子の長さです。また、分母の g は地球固有の値で、物が落下するときの加速度（重力加速度）を表しています。

この式については高校物理で学習しますが、図12のように「**振り子の弧を描く動きが直線上を運動するとみなせる**」場合にのみ成り立つものです。振り子の振れ幅が非常に小さい場合はこの近似は成り立ちますが、振れ幅が大きくなるにつれて、振り子の周期は、この式から外れていきます。振れ幅（θ）と周期（T）の関係をグラフに表したものが図2（p2）でした。

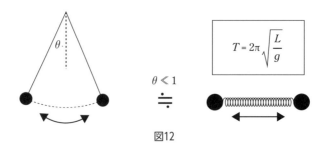

図12

　科学、ことに物理に登場する公式は、どのような条件下で成り立つかに注意しておく必要があります。物理における公式や法則に対してどのような考え方で臨むかは、問題のとらえ方に大きく影響します。この問題は、小学校から中・高等学校での活動を通して、しっかりと身につけておいて欲しい最も基本的な考え方が抜け落ちていないかどうかを問うているのです。

　選択肢②は公式の見方（成り立ち方）についてであり、選択肢③は表２の結果に基づく周期と振幅の関係です。この問題の正答率は例題１よりさらに低く18％です。８割以上の高校生がたとえ式が使えても、その式の成り立ちまでは理解していなかったのです。

02 エネルギーの移り変わり：変化の中の不変を求めて

　これまで「振り子の運動の規則性」について、小学校時代の実験に対する姿勢がその後の学びに影響することを大学入学共通テストを題材に確認しました。次に、振り子の運動の規則性を運動エネルギーや位置エネルギーの変化からとらえることにします。一見、振り子の等時性とエネルギーとは関係がないようにみえるのですが、振り子の運動エネルギーと位置エネルギーの関係が、振り子の等時性と強く結びついており、ともに規則正しい振り子の運動に関係しています（p6）。ここでも小学校での学びが、中・高等学校での学びに影響しているのです。

エネルギーの視点で動きをとらえる　おもりの速さと位置の変化の関係

　振り子の運動を考える際に登場するエネルギーとしては、位置エネルギーと運動エネルギー、そしてこれら２つのエネルギーの和としての力学的エネルギーです。

> 力学的エネルギー ＝ 位置エネルギー ＋ 運動エネルギー

　エネルギーという言葉は、電気エネルギーや熱エネルギーなど、私たちの生活と深く結びついており、改めて「エネルギーとは何か」と問われても返答に困るのではないでしょうか。しかし、振り子の規則正しい運動をより確かなイメージをもって探究できるよう、ここではエネルギーとは何かについて考えておきましょう。

　エネルギーとは何かを学ぶ際に、いつもセットで登場するのが「**仕事**」です。エネルギーと仕事とは強く結びついています。エネルギーのスペルは energy ですが、この言葉が使われ出したのは19世紀、ヤングの実験でおなじみのトーマス・ヤング（1773～1829、英）が「仕事をする能力」として用いたのが最初だと言われています。

　接頭語を表す「en」とラテン語の「ergon（仕事）」を結び付けた造語が energy です。接頭語の en には、例えば able（可能な）の前に en がついた「enable（可能にする）」のように、後ろにくる言葉を動詞化するはたらきがあります。

> en（……できる）＋ ergon（仕事）→ energy（仕事ができる）

　このように、それを用いれば仕事ができる、そういうものや状態を**エネルギー**と呼んでいることになります。水を例に考えましょう。高い所にある水は落下することによって水車を回すことができます。しかし、いったん低い所に落ちてしまった水はもはや水車を回すことはできません。このように同じ水であっても高い所にある水は仕事ができ、低い所にある水は仕事ができない。位置の違いによって仕事ができたり、できなかったりするのです（図13）。エネ

図13
＜出典＞「檜原村の観光旅館「三頭山荘」、庭の水車を新調」（2020.09.26）、西多摩経済新聞

ルギーとは仕事ができる能力のことですから、この水の例のように、位置の違いによって生まれるエネルギーのことを**位置エネルギー**と呼んでいます。

では、運動エネルギーは仕事とどのような関係にあるのでしょうか。動いている物体は止まるまでにものを動かすことができる（止まってしまっては動かすことはできません）。ある速さで運動している物体は、その速さに応じた仕事ができる状態にあると考えてもよさそうです。このようなエネルギーを**運動エネルギー**と呼んでいます。

図14は、振り子の運動を、一定時間ごとのおもりの位置で示したものです。この位置の変化の様子から、おもりの動きは次のように説明できます。

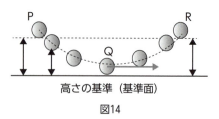

図14

P点でおもりから静かに手を放す → おもりは徐々に加速しながら、やがてQ点に達する → おもりの速さはQ点が最も速い → Q点を通過したおもりは徐々に減速し、やがてR点に達する→……

このように、振り子の運動では**基準面**からの高さも、またおもりの速さも時々刻々変化しているのですが、高さと速さの増減に着目すると、下の表3のように「おもりは高さが減るにつれて速くなり、速さが減るにつれ高さが増す」ことがわかります。

表3

おもりの位置	P	・・・	Q	・・・	R
高さの変化（位置エネルギー）	最大	徐々に減少	0	徐々に増加	最大
速さの変化（運動エネルギー）	0	徐々に増加	最大	徐々に減少	0

しかも、P点とR点は同じ高さですので、振り子の運動の途中で運動を止めるような抵抗（摩擦や空気抵抗など）がはたらかない限り、両者には次の関係が成り立ちます。

高さの変化（**位置エネルギーの増減**） ⇔ 速さの変化（**運動エネルギーの増減**）

つまりは、位置エネルギーが10減れば、運動エネルギーが10増えるという関係です。位置エネルギーと運動エネルギーの和は常に一定に保たれているのです。これが、**力学的エネルギー保存の法則**です。

力学的エネルギーとは、いわば位置エネルギーと運動エネルギーとを分けないで両者を込みで考えたときのエネルギーの総量のことを指しています。

次の例題5は、運動エネルギーや位置エネルギーなどの言葉の確認とともに、両者の関係を問うたものです。空欄　ア　～　ウ　にはどのような言葉が入るでしょうか。表3の変化の様子がイメージとして頭に入っていれば、たとえ選択肢が与えられていなくても容易に想像がつくはずです。

例題5 大学入試問題
（2012年度大学入試センター試験／理科総合A 第2問（問3・b）、一部改変）

図15は、振り子のおもりを左端から右端に移動させたとき、一定時間ごとのおもりの位置を示したものである。次の文章中の空欄　ア　～　ウ　に入る語句の組合せとして最も適当なものを選択肢（以下の解説に示す）から一つ選べ。ただし、空気の抵抗、および糸の質量は無視できるものとする。また、点A、Dは、それぞれおもりの運動の最下点、最高点とする。

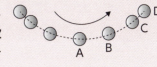

図15

振り子のおもりが最下点Aから最高点Dに向かっているとする。このとき、A点ではおもりの　ア　が最大になり、D点では　イ　が最大になる。その途中では、　ア　の減少分が　イ　の増加分になり、このときの力学的エネルギーは、D点での力学的エネルギーに　ウ　。

正解▶　③

解説　解くための基礎・基本

本当に大学入試問題として出題されたのかと疑いたくなるほど容易な問題です。しかし、見過ごしてはならないのは下線部の指摘です。「空気の抵抗や糸の質量が無視できる」という条件があるからこそ、振り子の振動は減衰せず、振り子はいつまでも同じように動き続けるのです。

選択肢

	ア	イ	ウ
①	運動エネルギー	位置エネルギー	比べて大きい
②	運動エネルギー	位置エネルギー	比べて小さい
③	運動エネルギー	位置エネルギー	等しい
④	位置エネルギー	運動エネルギー	比べて大きい
⑤	位置エネルギー	運動エネルギー	比べて小さい
⑥	位置エネルギー	運動エネルギー	等しい

事実、振り子を振らせてみると、はじめは勢いよく振れていても、徐々に振幅が小さくなりやがては止まってしまいます。空気の抵抗や糸を止めている支点での摩擦などで振り子のエネルギーが奪われてしまうからです。この下線部の条件があるからこそ、A点で持っていた振り子のエネルギー（運動エネルギー）は、各点での位置エネルギーや運動エネルギーとして形を変えながらも、その値は一定に保たれるのです。これが、**力学的エネルギー保存の法則**です（図16）。

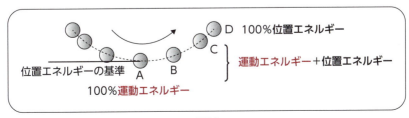

図16

では、次の問題はどうでしょう。使うべき法則は例題5で確認した力学的エネルギー保存の法則のみです。

例題5の続き 大学入試問題

（2012年度大学入試センター試験／理科総合A第2問（問3・c）、一部改変）

図17で、ある点での振り子の速さが、最下点Aでの速さの半分であったという。A点から測ったこの点の高さはいくらか。正しいものを、次の①〜⑤のうちから一つ選べ。ただし、A点から測ったD点までの高さをhとする。

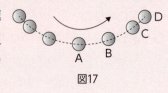

図17

① $\dfrac{h}{8}$　② $\dfrac{h}{4}$　③ $\dfrac{h}{2}$　④ $\dfrac{3h}{4}$　⑤ $\dfrac{7h}{8}$

正解▶ ④

解説　解くための基礎・基本　力学的エネルギー保存の法則の活用

何を問われているかの確認をしておきましょう。まず、図17の最下点A〜最高点Dの間で「振り子の速さが最下点Aの半分」となる場所を「最下点Aから測った高さ」で表そうというのが本例題の中身です。速さや最下点からの高さ（この場合、最下点が基準面です）が関わっているので、運動エネルギーや位置エネルギーが主役です。

これまで

・**運動エネルギー**は速さvによって決まるエネルギー
・**位置エネルギー**は高さhの違いによって決まるエネルギー

と説明してきました。確かにそのとおりなのですが、では具体的に運動エネルギーや位置エネルギーは速さvや基準面からの高さhを用いてどのように表されるのでしょうか。この具体的な形が決まらないままでは、この問題は解けないのです。そこでいま、図18のようにこの具体的な形がわかったとして話を進めましょう。運動エネルギーや位置エネルギーの形については、第6章で考えます。

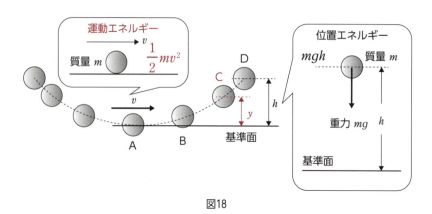

図18

いま、図18のC点が求める位置としましょう。すなわち、C点でのおもりの速さは$\dfrac{v_A}{2}$で、基準面からの高さがyです。ここで、v_Aは最下点Aでの速さとします（図19）。求めるべき値はy

で、h の何倍かを示せばよいのです。ここで、もう一度、最下点 A、そして最高点 D、そして求めるべき C 点での力学的エネルギーの内訳を示しておきましょう。

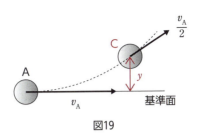

図19

	最下点 A	求めるべき C 点	最高点 D
運動エネルギー	$\frac{1}{2}mv_A^2$	$\frac{1}{2}m\left(\frac{v_A}{2}\right)^2$	0
位置エネルギー	0	mgy	mgh

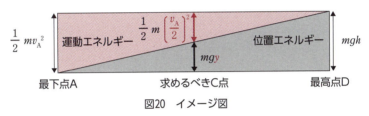

図20　イメージ図

　図20のように**図式化**することによって、最下点 A、求めるべき C 点、そして最高点 D の間にどのような関係が成り立つかが見えてきます。では、この見通しを式で表現してみましょう。
　まず、最下点 A と最高点 D の力学的エネルギーが等しいという関係です。

$$\frac{1}{2}mv_A^2 = mgh \quad \therefore \quad v_A^2 = 2gh \cdots ①$$

次に、最高点 D と求めるべき C 点の力学的エネルギーが等しいという関係です。

$$mgh = \frac{1}{2}m\left(\frac{v_A}{2}\right)^2 + mgy \cdots ②$$

　①、②式は等号（＝）で結ばれていますが、これが力学的エネルギー保存の法則を式で表現したものです。図20のイメージ図では、等号（＝）を力学的エネルギーの大きさを示す長方形の縦の長さが A ～ D の各点で変わらないことで表しています。
　この①、②式を見てすぐに気づくことは、②式中の v_A を①式の関係を使って h で表し、求めるべき未知数 y を h で表せばよいということです。ここは、もう物理ではなく算数の世界です。結果は次のようになります。
　②式を整理しておいて、

$$mgh = \frac{1}{8}mv_A{}^2 + mgy \qquad \therefore\ mgh = \frac{1}{4}\left(\frac{1}{2}mv_A{}^2\right) + mgy$$

　下線部のところに、①の関係を代入します。すると一気にyがhで表せます。

$$mgh = \frac{1}{4}\left(\frac{1}{2}mv_A{}^2\right) + mgy \quad \therefore\ mgh = \frac{1}{4}\times \underline{mgh} + mgy \quad \therefore\ y = \frac{3}{4}h$$

　これで C 点の位置が明らかになりました。速さが最下点 A の半分なのに、高さは最高点 D の半分ではなく、ずいぶん上の方に来ることがわかりますね。それは、速さが最下点 A の半分でも、その運動エネルギーは最下点 A の半分ではなく、4 分の 1 （半分の半分）になっているからです。力学的エネルギー保存の法則から、運動エネルギーの 4 分の 3 が位置エネルギーに変わってしまったからこそ、求める C 点の基準面からの高さは $y = \dfrac{3}{4}h$ という結果になったのです。ですから、このことがしっかりとイメージできていれば、わざわざ①や②の計算はしなくても、$y = \dfrac{3}{4}h$ という結果は即座に求められたかもしれません。

思考力・判断力が試される高校入試

　振り子の運動を、力学的エネルギーの視点からとらえようとする扱いは、なにも大学入試問題だけでなく、中学入試や高校入試でも数多く見られます。速さや位置など、さまざまに変化する中で変化しないものがあり、逆にそこから変化するものをとらえ直していこうという姿勢は、科学の基礎といわれる物理では、特に大切な見方なのです。高校入試から、いくつかチャレンジしてみましょう。

例題6　高校入試問題
（2017年度沖縄県立高等学校入試／理科【4】（問1～問3）、一部改変）

　図21のように、小球に伸び縮みしない糸をつけて天井の点Oからつるし、振り子をつくった。振り子の最下点Bから糸がたるまないようにして点Aまで小球を持ち上げ静止させた。静かに手を離したところ小球は最下点Bを通過し、点Aと同じ高さの点Eに達した。

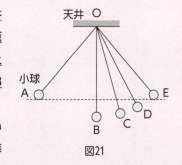

図21

　摩擦や空気の抵抗は無視できるものとして、次の問いに答えなさい。なお、最下点Bを位置エネルギーの基準とする。

問1　位置エネルギーが最大になる点として、最も適当なものを図21の点B～Eから選びなさい。

問2　点Aから点Eに達するまでの運動エネルギーと位置エネルギーについて、その変化の様子を表しているものとして、最も適当なものを次のア～エから選びなさい。
ただし、図中の実線は運動エネルギーを、点線は位置エネルギーを表している。

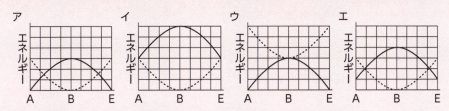

問3　運動エネルギーと位置エネルギーの和を何というか答えなさい。

正解▶　問1 E、問2 ア、問3 力学的エネルギー

解説　解くための基礎・基本　運動のようすをエネルギーからとらえる

　高校入試の問題ですから、中学3年生（15歳）がチャレンジします。問題のレベルとしては、計算問題はさておき大学入試問題と大差ありません。まず問題を一目見て気づくことは、高校3年生が受ける大学入試問題と比べて、下線部のように実験の様子が時間を追って丁寧に書かれている点です。小学生が受ける中学入試問題では、さらに丁寧な書き方になります。なぜでしょう

か。それは、問題の状況をより具体的にイメージしやすくし、何が問われているかを把握しやすくするためです。問題の状況を具体的に示し、より確かなイメージを持てるようにすれば、小学生にでも大学入試問題は解けるようになるのです。「なぜ難しく感じるのか」、その原因の多くは問題の状況をきちんとイメージできていないからです。

さて、例題6で出題者が最も力を入れた問いはどれでしょうか。問2ですね。振り子の運動では、小球の速さも、また基準面からの高さも時々刻々変化します。運動エネルギーも位置エネルギーも変化するのですが、そこには一定の規則がありました。力学的エネルギー保存の法則です。しかも、この規則が成り立つことも問題文にはきちんと書かれています。問題文に与えられた4つのグラフのどれもが、それぞれ実線や点線で示された位置エネルギーと運動エネルギーを加えると横軸に平行な直線（以下に示す図中の赤い実線）になります。

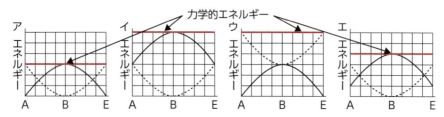

実線や点線は変化していますが、しかしそれらを加えた赤い実線は変化していないのです。ですから与えられた4つのグラフは、すべて力学的エネルギー保存の法則を満たしていることになります。そこで、次に、振り子の代表的な3つの点（点A、点B、そして点E）について、小球の速さと基準面からの高さに着目してみます。この3つの点について、運動エネルギー、位置エネルギーがどのような値をとるかがわかれば、4つのグラフのどれが正しいかが判定できます。

点Aと点E：ともに最高点
- 速さは0　← 運動エネルギーは0
- 高さは最高　← 位置エネルギーは最大

点B：最下点
- 速さは最大　← 運動エネルギーは最大
- 高さは0　← 位置エネルギーは0

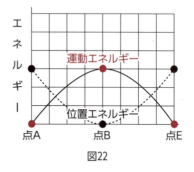

図22

代表的な3点での力学的エネルギーの内訳から、アのグラフが振り子の運動の力学的エネルギーの変化を正しく表していることがわかりました。イ〜エのグラフもまた力学的エネルギー保存の法則を満たしているにも関わらず、なぜ、これらのグラフは力学的エネルギーの内訳を正しく表せていないのでしょうか。以下、その原因を探ってみましょう。

● イ〜エのグラフの間違いを探る

まずは、振り子の運動のイメージをしっかりとつかんでおくことが大切です（図23のイメージです）。

イやエのグラフの間違い：点Aでは、小球は静止しています。運動エネルギーとは、小球の速さに関係したエネルギー（仕事ができる能力）でしたので、このとき小球の運動エネルギーは

0です。同じ理由で**エ**のグラフも間違っています。

ウのグラフの間違い：点Bでは、小球は最下点（最も低いところ）にいます。位置エネルギーは、この点Bを基準（高さ0の箇所）としています。したがって、点Bでの位置エネルギーは0です。

ところで、位置エネルギーの**基準**はどこにとってもかまいませんから、いま、図23のように点Bから振り子の長さの分だけ基準を下げたとしましょう。このとき、力学的エネルギーや、その内訳である運動エネルギーや位置エネルギーはどのように変わるでしょうか。

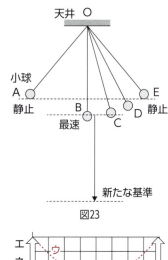

図23

小球の各点での速さは変化しませんから運動エネルギーは変わりませんが、位置エネルギーは変化した高さの分だけ大きくなります。図24では、アのグラフのグレーの点線で表された位置エネルギーを3目盛り分だけ上に平行移動させた赤の点線が、このときの位置エネルギーを表しています。これはウのグ

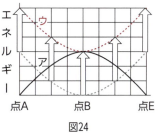

図24

ラフそのものです。アのグラフとウのグラフの違いは、位置エネルギーの基準の取り方からくる違いだったのです。このように位置エネルギーについては、どこにその基準を取るかをしっかりと指定しないと定まらないのです。例題6では、最下点Bを位置エネルギーの基準とするという指定があるからこそ、アのグラフが正解となりました。この指定がなければ、アもウも正解になります。

ところで、位置エネルギーの基準の取り方については、どのように考えればよいでしょうか。

啓介と美佳の疑問

啓介： そうか。位置エネルギーは基準の取り方でいくらでも変わるんだ。だとしたら、点Aを基準としたら、おもりの各点の位置エネルギーはどうなるんだろう。

美佳： 点Aは最高点だったから、点Bや点Cの位置エネルギーはマイナスになるわね。

啓介： **位置エネルギーがマイナスだって？** エネルギーって、仕事をする能力だったよね。マイナスって、仕事をするんだろうか……。

啓介と美佳の疑問に答えよう　〜位置エネルギーがマイナスってあり？〜

位置エネルギーは、図25のように物体が基準面から上にあるときは、上流にある水が落下するときに水車を回せたように、「仕事ができる」というイメージがぴったりでした。

しかし、物体が基準面より下にあるときは、「仕事ができる状態ではない。だから位置エネルギーがあるとはいえないのではないか」という疑問が啓介でなくとも頭をよぎります。

では、基準面より下にある物体の位置エネルギーはどのように考えればよいのでしょうか。啓介の抱いたように、他に対して仕事ができないから位置エネルギーはない、または考えられないとしてよいのでしょうか。

●基準面での位置エネルギーは0である

ここで、**基準面**（位置エネルギー0の面）に達するまでに、他との間でどのようなエネルギーのやり取りがあるかを考えてみましょう。基準面より上か下かによって、次の2つの場合があります。

① **基準面より物体が上にあるとき**、物体はエネルギーを失いながら（他に対して仕事をしながら）基準面に達する。

② **基準面より物体が下にあるとき**、物体はエネルギーを得ながら（他から仕事をされて）基準面に達する。

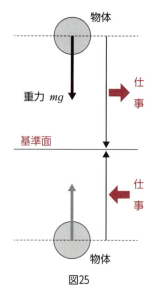

図25

ここでは**②の場合**を考えます。図25で、基準面より下にある物体が持っている位置エネルギーを、例えば E としましょう。この物体は、外部から仕事 W をされて（例えば、手で持ち上げられて）はじめて基準面にまで持ってくることができます。基準面での位置エネルギーは0でしたので、

$$E + W = 0$$
求める位置エネルギー　外からした仕事　　基準面

という関係が成り立ちます。この式を頼りに**マイナスのエネルギー**について考えてみましょう。

●マイナスのエネルギー状態

外から仕事をされてはじめて0になるとは、仕事をされる前は**エネルギーの足りない状態**であったとは考えられないでしょうか。仮に外から10の仕事をしてもらって、はじめて0になるとは、その物体はもともと−10のエネルギー状態にあったということになります。

$$E + W = 0 \rightarrow E + 10 = 0 \therefore E = -10$$

このように、基準面まで移動させるのに他から仕事をされなければならない状態にあるとき、その物体の位置エネルギーはマイナスの状態にあると考えるのです。

思考力・判断力が問われる入試問題

振り子の運動では糸が切れてしまったり、また宇宙空間や月世界のように小球にはたらく力（重力）が変化してしまったりすると、振り子の動きそのものが変わってきます。振り子の動きには、小球にはたらく力が大きく影響しているからです。次の例題にチャレンジです。

高校入試問題
（2017年度沖縄県立高等学校入試／理科【4】（問4）、一部改変）

小球には常に2つの力がはたらいている。小球が例題6の図21の点Eにきたとき、小球にはたらく力を表したものとして、もっとも適当なものを次のア～オから1つ選んで記号で答えなさい。

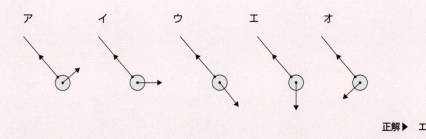

正解 ▶ エ

解説　解くための基礎・基本　振り子のおもりにはたらく力

点E（最高点）にある小球にはたらく力にはどのようなものがあるでしょうか。地球が小球を引っ張る「**重力**」と糸が小球を引っ張る「**張力**」、言葉だけなら小学生にも言えるかもしれません。では、それを**図示**するとどうなるか……、この例題はまさに小球にはたらく力のイメージ（はたらき方についての実感）を問うているのです。

ところで「力とは何でしょう」と聞かれたら何て答えますか。腕を曲げて筋肉の膨らみを見せて、これが力だと答えたとしたらどうでしょう。「それは力でなくて筋肉だ（体の組織だ）」と言われてしまいそうですが、しかしなぜ筋肉が力を彷彿とさせるのでしょうか。実は、ここに力に対して私たちの抱く**イメージ**があるのです。

① 重いバーベルでも軽々と持ち上げそう
② 鉄棒でもへし折ってしまいそう
③ 坂道で止まった自転車を後ろから押してもらったらすぐ動き出しそう

このように、「① 物体を支えることができる」、「② 物体を変形させることができる」、そして「③ 物体の動きを変えることができる」、これらのことができたとき、その物体には力がはたらいたと考えるのです。いわばたくましい筋肉は、これら3つを軽々とやってしまうからこそ力を感じるのです。

さて、小球にはたらく力ですが、ア～オまで糸から引っ張られている力（張力）はどれも同じです。問題は地球から引かれる力（重力）です。この小球は、いま最高点Eにいますので、一

瞬、小球の動きは止まっています。もし、このとき糸が切れれば（張力がはたらかなくなれば）小球はそのまま真下に落下するでしょう。ちなみにブランコで振れの最高点にきたとき、飛び降りた経験のある人はピンときますね。したがって、重力は真下にはたらいていることになり、答えはエとなります。

　答えはエでよいのですが、実は、この説明には落とし穴があります。

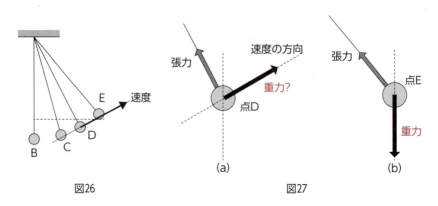

図26　　　　　　　　　　図27

　点Ｄでは小球は図26の向き（斜め右上方）に動いています。このとき、糸が切れたなら小球は斜め右方向に飛び去ってしまうでしょう。もし小球にはたらく重力が、糸が切れたときの小球の動き出す向きと同じなら、点Ｄで小球にはたらく重力は図27（a）のようになり、同図（b）の点Ｅのような真下にはなりません。私たちは、動いている方向に常に力がはたらいていると考えがちなのですが、重力は絶えず地球の中心方向に向いているのです。ですから点Ｄでも、力のはたらく向きは点Ｅと同じになります。アと答えた中学生が多かったのではないでしょうか。この運動と力については第5章で取り上げます。

　簡単に解けたよという人は、次の問題にチャレンジです。この問題も振り子にはたらく重力に関するものですが、なんと大学入試問題として出されたものです。いったい高校入試問題と大学入試問題、どこがどう違うのでしょうか。

例題7　大学入試問題
(2017年度大学入試センター試験／〔追試〕物理基礎第3問（問3、問4）、一部改変)

図28のように、長さ ℓ の軽い糸の一端を天井に取り付け、他端に質量 m の小球を取り付けた。糸が鉛直下向きと角度 θ をなす点Pで小球を静かに放すと、小球は鉛直面内で運動した。ただし、重力加速度の大きさを g とし、空気の抵抗は無視できるものとする。

問1 点Pにおいて小球にはたらく重力の、糸に平行な成分と、糸に垂直な成分の大きさを表す式を求めよ。

問2 小球が最下点Oを通過するときの、小球の速さ v を表す式を求めよ。

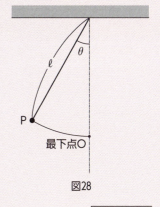

図28

正解▶　問1　糸に平行な成分 $mg\cos\theta$、糸に垂直な成分 $mg\sin\theta$、問2　$\sqrt{2g\ell(1-\cos\theta)}$

解説　解くための基礎・基本　振り子のおもりにはたらく力

例題6と比べて難しく感じるのは、下線部の文言や記号のせいではないでしょうか。何か記号で答えなければならないというプレッシャーが問題の本質を見抜く勇気を萎えさせてしまいます。では、この問題が、例題6のように、「図のP点にある小球にはたらく重力を図示せよ」となっていればどうでしょう。例題6では5つの選択肢から選びましたが、たとえ選択肢が与えられていなくても、例題6をクリアした人なら

「小球にはたらく重力は、小球の重心から真下に矢印を引けばいい」
として、図29のような絵を描くのではないでしょうか。それでいいのです。大学入試問題といえども、このイメージがなければ手も足も出ないのです。

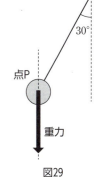

図29

ここから先は、大学入試にチャレンジしようとする高校生の出番です。角度 θ なんて扱いにくいので、θ が30°の場合を考えてみましょう。「小球にはたらく重力の糸に平行な成分と、糸に垂直な成分の大きさに分ける」とは、図30のように重力を斜辺とする**三角形**（角度が90°、60°、30°の三角形）の辺の比を使って「糸に平行な力（赤の矢印）」と「糸に垂直な力（グレーの矢印）」の大きさをそれぞれ求めることになります。辺の長さの比が、斜辺の長さを2とすると、その隣辺が $\sqrt{3}$ や1となる三角定規は100円ショップでも簡単に手に入りますから、小学生ならだれでも持っています。

小球にはたらく力が難しいのではなく、力の作図をしたり、また30°のように具体的な角度で考えさえすれば小学生だって解答に至ることは可能です。問題を難しくしているのは、記号などを使って問題を一般化しているところにあるのです。

これ以降は物理ではなく数学（三角形の辺の比）の問題です。

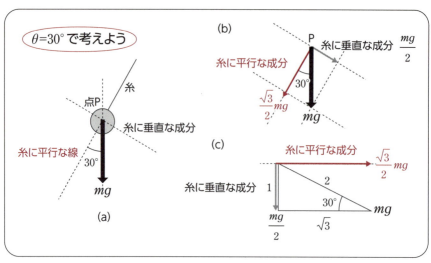

図30

　問2は、点Pと点Oでの力学的エネルギーが等しいとして解くことになります。点Oを位置エネルギーの基準面とすると、

　　　点Pの位置エネルギー（$mg \times$ 高さ）⇨点Oでの運動エネルギー（$\frac{1}{2}mv^2$）

　このように、点Pでの位置エネルギーが100％、点Oでの運動エネルギーに変化したのです。点Pの点Oからの高さが求まりさえすれば、後は簡単な算数の問題になります。

振り子の周期と振れ幅との関係（数理的世界をのぞいてみよう）

振り子の周期が振れの角とどのような関係にあるかを調べましょう。図31のように、s を最下点から点Pまでの円弧に沿った距離、また最下点での物体の速さを v_0 として力学的エネルギー保存の法則を適用します。位置エネルギーの基準は点 $\overset{\text{オー}}{\text{O}}$ です。

$$\frac{1}{2}m\left(\frac{ds}{dt}\right)^2 - mgz = \frac{1}{2}mv_0^2 - mg\ell \quad \cdots ①$$

ここで、$s = \ell\theta$、$z = \ell\cos\theta$ という変数変換を行うと、①式は

$$\ell^2\left(\frac{d\theta}{dt}\right)^2 = v_0^2 - 2g\ell(\cos\theta - 1) \quad \cdots ②$$

さらに、θ を微小角として $\cos\theta \fallingdotseq 1 - \frac{1}{2}\theta^2$ を用い、②式を θ について解くと

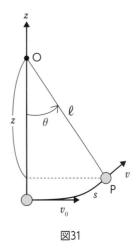

図31

$$\theta = \frac{v_0}{\sqrt{g\ell}}\cos\left(\sqrt{\frac{g}{\ell}}\cdot t + \alpha\right) \quad \begin{cases} A = \dfrac{v_0}{\sqrt{g\ell}} & \text{振幅} \\ T = 2\pi\sqrt{\dfrac{\ell}{g}} & \text{周期} \end{cases}$$

が得られます。結果はともかく、この式の形は**振幅**が A で**周期**が T の**単振動**を表しています。

さて、以下②式を用いて周期 T が振れの角度 θ にどれくらい影響されるかを求めることにします。そこで

$$1 - \cos\theta = 2\sin^2\frac{\theta}{2}, \text{ さらに } k = \frac{v_0^2}{4g\ell}$$

とおいて、②式を整理すると

$$\frac{1}{2}\frac{d\theta}{dt} = \pm\sqrt{\frac{g}{\ell}}\sqrt{k^2 - \sin^2\frac{\theta}{2}} \quad \text{（以下、正の方をとる）} \cdots ③$$

このとき、③式は k の値によって、物体の単振動の様子は次のように分類できます。

$k < 1$ のとき	$k = 1$ のとき	$k > 1$ のとき
$1 - \sin^2\dfrac{\theta_{\text{MAX}}}{2} = 0$ を満たす θ_{MAX} の範囲内で振動する	$1 - \sin^2\dfrac{\theta}{2} = 0$ より、$\theta = \pi$ となる	任意の θ で振動（回転）する

③式の見通しをよくするために、$k\sin\phi = \sin\dfrac{\theta}{2}$ と変数を置き換えて整理すると

$$\frac{d\theta}{dt} = \sqrt{\frac{g}{\ell}}\sqrt{k^2 - \sin^2\frac{\theta}{2}} \rightarrow \int_0^{\varphi}\frac{d\phi}{\sqrt{1 - k^2\sin^2\phi}} = \sqrt{\frac{g}{\ell}}\cdot t \quad \cdots ④$$

④式の積分は**楕円積分**といわれるものです。ここで、積分の範囲ですが、下端を 0（これは $\theta = 0$ のこと）、また上端を $\dfrac{\pi}{2}$ にとります。この上端の値は、$\dfrac{d\theta}{dt} = 0$ から振動の最高点を表し、時間的には4分の1周期 $\dfrac{T}{4}$ になります。よって、

$$T = 4\sqrt{\frac{\ell}{g}} \int_0^{\frac{\pi}{2}} \frac{d\phi}{\sqrt{1-k^2\sin^2\phi}} \quad \cdots \text{⑤}$$

したがって、⑤式の積分を求めれば周期 T の値が求められるのですが、ここでは、分母の $(1-k^2\sin^2\phi)^{\frac{1}{2}}$ を**テイラー展開**して整理することにします。その結果、⑤式は

$$T = 2\pi\sqrt{\frac{\ell}{g}}\left\{1+\left(\frac{1}{2}\right)^2 k^2+\left(\frac{1\cdot 3}{2\cdot 4}\right)^2 k^4+\left(\frac{1\cdot 3\cdot 5}{2\cdot 4\cdot 6}\right)^2 k^6+\cdots\right\} \quad \cdots \text{⑥}$$

と近似できます。この⑥式を用いて振り子の振れの角 θ と周期 T の関係を求めてみましょう。

いま、この振動の最大振幅を ω とすると $k=\sin\frac{\omega}{2}$ であり、このとき、③式から k の値は $\frac{d\omega}{dt}=0$ の関係を用いれば求めることができます。

ちなみに、最大振幅を $5°$ とすると、このときの k の値は $k=\sin\frac{5°}{2}=0.04$ ですから、⑥式より右辺第2項までとって（第3項以上は非常に小さく無視できます）

$$T_5 = 2\pi\sqrt{\frac{\ell}{g}}\left\{1+\frac{1}{2500}\right\} \quad \leftarrow \quad 0.04\%\text{のずれ}$$

このように、理想値から0.04%ずれることになります。

同様に ω として $30°$、$60°$ とすると、周期の値はそれぞれ次のようになります。

$$T_{30} = 2\pi\sqrt{\frac{\ell}{g}}\left\{1+\frac{1}{64}\right\} \leftarrow 1.6\%\text{のずれ}, \quad T_{60} = 2\pi\sqrt{\frac{\ell}{g}}\left\{1+\frac{1}{16}\right\} \leftarrow 6.6\%\text{のずれ}$$

その様子を表したものが次のグラフです。振れの角度が大きくなるにつれて、振り子の周期の理想値からのずれは大きくなっていることがよくわかります。

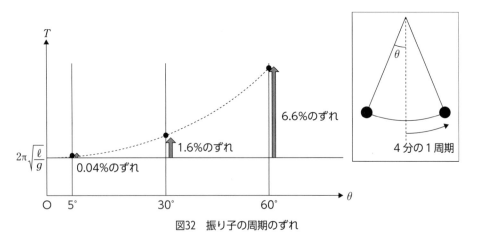

図32　振り子の周期のずれ

~力と運動の基礎基本~

てこの規則性

第二章

2

小学校で学ぶてこのはたらきには、次の2つの学びが期待されています。

1. てこの特徴、またそのはたらき（**てこのつり合いの式**）
2. てこのはたらきの利用（**身のまわりのものにみるてこのはたらき**）

01 てこのはたらきの下地になるもの： 原体験としてのシーソー遊び

　小学校理科6学年の単元である「てこのはたらき」は、力学分野学習項目一覧表（p iv）からもわかるように、中学校理科や高等学校物理で学習する仕事とエネルギーや力と圧力、様々な力とそのはたらきへとつながります。一見すると、表からは物体の運動とは無関係な静力学の分野かという印象を受けます。しかし、落下運動を理解するうえで重力のはたらきが欠かせないように、運動の原因を力としてとらえ、加速度運動や運動量、万有引力といったニュートン力学特有の世界を理解するうえで、「てこのはたらき」を通して、力のはたらきに親しみを感じておくことは小学校理科ならではの大切な学びだといえます。第1章で扱った振り子の運動同様、活動を通してしっかりとしたイメージ（印象）を持つことが、その後の学びを大きく左右することになります。

　ところで、小学校6年生で学習する「てこのはたらき」は、小学校理科で唯一「公式」が登場する単元でもあるのです。公式というと、高校で習う物理基礎や選択物理は、ともに力学分野ですが、物理基礎で87個（91頁中）、選択物理で100個（84頁中）のように、両科目合わせれば、頁数175に対してなんと187個もの公式が登場します。「ここでは、この式を使う」というように、公式はそれを使う場面と結びついています。187個の公式を見て、果たして187もの場面が思い出せるでしょうか。実はこれら187個の公式が個々バラバラにあるのではなく、この10個の式は○○の場面、この15個は△△の場面というように、いくつかはお互いがしっかりと結びついています。ある場面のこの部分はこの式が、あの部分はあの式がという、それぞれの役割に応じた把握のしかたを身につけておきさえすればよいのです。互いに関連づける、これが物理の学びの秘訣です。

　これら多数の公式の出発点が、てこのはたらきや振り子の運動にあるといってもよいでしょう。次の式は小学校理科で登場する唯一の「公式（つり合いの式）」ですが、公式といいながらも、児童にとって違和感を与えないような配慮が見てとれます。

てこをかたむけるはたらき				てこをかたむけるはたらき	
左うでの力の大きさ（おもりの重さ）	×	左うでの支点からのきょり（目盛りの数）	=	右うでの力の大きさ（おもりの重さ）	× 右うでの支点からのきょり（目盛りの数）

小学校で登場する唯一の公式（ゴール）

ところで、小学校理科「てこのはたらき」で登場する式をしっかりとしたイメージを持って理解する（実感して使えるようにする）には、どのようなイメージを持てばよいのでしょう。そもそも、「てこ」と聞いて私たちの抱くイメージはどのようなものでしょうか。はさみ、ペンチ、くぎ抜き、栓抜きなどが、てこのはたらきの例（道具）として教科書に載っていますが、大人ならいざ知らず、小学生でこれらの道具を使ったことのある児童は数えるほど、いや皆無に近いのではないでしょうか。

　小学生にとって、てこのはたらきを身近にイメージできるものとして**遊具**のシーソーがあります。ブランコやシーソー、滑り台などの遊具は、子どもにとっては物理を学ぶ格好の素材です。図1は、1950年代の小学校理科の教科書に掲載されたものです。

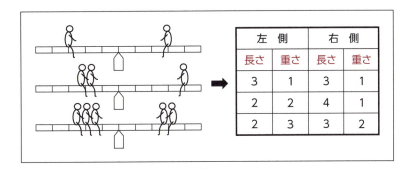

図1
<出典>『よいこのかがく 4年下』（検定教科書）、p100、大阪書籍、1958（昭和33）年

　当時、子どもたちのまわりにはいろいろな遊具がありました。振り子の動きがブランコで再現されたように、シーソー遊びを通してつり合いの意味や、てこのはたらきまでもが体験できたのです。図1の左の図から、子どもたちは右の表の隠れた関係を探り当てることができました。

表1

左側		右側	
支点からの長さ	重さ	支点からの長さ	重さ
3	1	3	1
2	2	4	1
2	3	3	2

（左側）支点からの長さ × 重さ ＝ （右側）支点からの長さ × 重さ　隠れた関係

遊びを通して隠れた関係を探る

　表1の左側と右側とで、「支点からの長さ」と「（おもりの）重さ」を表す数字はつり合いを保ちつつ変化しています。その変化のしかたには、一見、何の関係もないように思えます。シーソーの体験がないと、これらの隠れた関係なんて思いもよらず、この表の数字の列を見ても「数字がバラバラに並んでいる」としか映りません。しかし、シーソー遊びでは、「支点からの長さ」と「（おもりの）重さ」を意識しないと、シーソーをつり合わせることができない。「支点からの長さ」と「（おもりの）重さ」という目に見える量の背後に、シーソーがつり合う（どちら

にも傾かない）という隠れた関係が存在し、そのことを常に意識することになり、ひいては腕の左と右の関係（つり合いの関係）に気づくのです。この気づきのための試行錯誤がシーソー遊びだといってもよいでしょう。

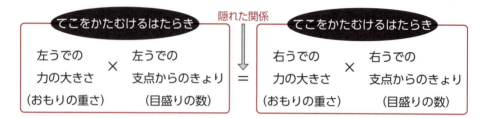

当時の教科書にわざわざシーソーの絵を描いているのは、このシーソーでの体験が、すべての子どもにとっての学びの原点、科学と子どもの日常をつなぎとめてくれる強固なイメージ（原体験）であったからです。

次の例題は、大学入試センター試験に出題されたものですが、まさにシーソーでの体験の有無を問うています。あなたの遊びの質をチェックしてみましょう。

例題1　大学入試問題：シーソー遊び
（2012年度大学入試センター試験／理科総合A第2問（問1））

図2のア〜カは、シーソーに花子と、花子よりも体重の重い太郎を座らせた場所を表したものである。この中で、花子の方が下にさがる座り方はどれか。その組合せとして最も適当なものを、下の①〜⑦のうちから一つ選べ。ただし、図2において、点線は、二人が座ったとき、どちらにも傾かなかった「つりあい」の位置を表している。

① ア、イ　② ウ、エ　③ オ、カ
④ ア、ウ　⑤ イ、エ　⑥ ア、エ、オ
⑦ イ、ウ、カ

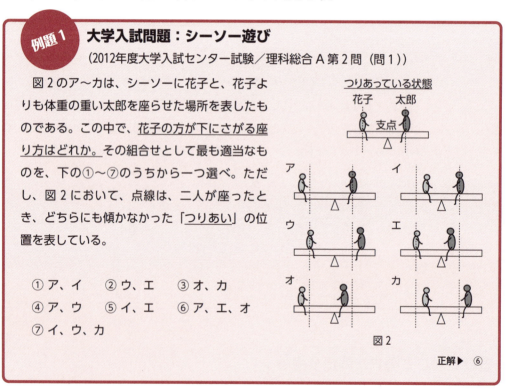

正解▶ ⑥

例題のねらい　原体験の有無を問う　原体験はすべての基本

シーソー遊びが大好きな小学生、ひょっとしたら幼稚園の年長さんでも、先生が園児に合わせた言葉で語りかけてあげれば解いてしまうかもしれません。

図2のア〜カの二人の座り方で気づくことは、

　アとイの場合　太郎の位置は変わらず、**花子の位置が前後**している

ウとエの場合　花子の位置は変わらず、**太郎の位置が前後している**
　　オとカの場合　二人の間隔は変わらず、**花子、太郎ともに前後している**
このように、3つのグループに分かれます。
　図3は、アとイ、そしてウとエの様子をそれぞれ表したものです。

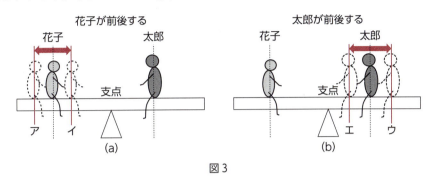

図3

　ところで、シーソー遊びでの**唯一の知識**といえば、図3（a）のアとイの場合、

> ア→花子が支点から遠ざかると、太郎の方が上に傾く
> イ→花子が支点に近づくと、太郎の方が下に傾く

であり、このことは同図（b）のウとエのように花子は動かず、太郎の位置が前後する場合にも当てはまります。

　花子の方が下に下がる座り方は、例題1の図2のアとイでは**ア**、ウとエでは**エ**となります。このように花子か太郎の一方だけしか移動しない「変化（シーソーの傾き）」の様子はわかりやすいのですが、問題は二人同時に移動する場合です。この場合だって、シーソー遊びが大好きな子どもたちに聞けば、即座に図2の**オ**と答えてくれます。

先生：　例題1の図2のオとカの座り方だけど、花子さんの方が下に下がるのはどっちだろうね？
児童：　オに決まってるよ。
先生：　どうしてそう思うの。
児童：　だって、花子さんは遠ざかっているし、おまけに太郎くんの方は近づいているよ。
　　　【花子は下に】←――――――――→【花子は下に】
　　　　　　　　　　　ダブルの効果

　「花子さんは遠ざかっているし、太郎くんの方は近づいている」という説明には、「支点から」という言葉が抜け落ちてはいますが、児童はここでもシーソーの唯一の知識を活用しています。図4のように、オの座り方は、ダブルの効果で花子の方が下に下がり、カの座り方はダブルの効果で太郎が下に下がるというわけです。オでは二人はそろって左に移動しているので、花子の座っている左側が下に傾くと考えてもよさそうです。

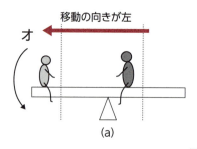 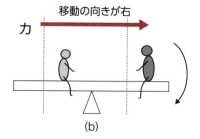

図4

では、次のような座り方はどうでしょう。

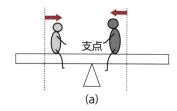 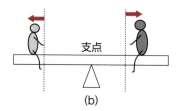

図5

　花子も太郎も支点に近づく座り方（図5（a））では、二人とも相手を下に下げようとし、また、逆に花子も太郎も支点から遠ざかる座り方（図5（b））では、二人とも自分の方が下に下がろうとします。お互いが同じ効果をねらって移動するわけですが、このときは、二人が生み出す効果の大小が問題になります。

（a）の場合は花子・太郎の体重に応じて、二人がどのくらい支点に近づいたのか

（b）の場合は花子・太郎の体重に応じて、二人がどのくらい支点から遠ざかったか

　このように、花子と太郎の体重を加味して二人がどれくらい移動したのかを求めなければ、花子が下に下がるのか、それとも太郎の方なのかは予測できないのですが、この微妙な加減だって、子どもたちはシーソー遊びで体験しています。

　シーソー遊びでの体験は、その後のてこの学びにつながるのですが、では、その遊び方には一定のルールのようなものは存在しないのでしょうか。ともかくシーソーに接してさえいれば、自然に遊び方（その後の学びにつながる遊び方）は身につくのでしょうか。これが啓介と美佳の疑問です。

啓介と美佳の疑問

啓介：　シーソーって、今でも子どもたちにとって人気のある遊具だと思う。でも、危険遊具になっていて公園からなくなりつつあるって聞いたことがある。

美佳：　そうなんだ。シーソーの名前はどの子どもも知っているよね……。だけど、シーソー遊びって、私も含めてだけどよく知らない。

> **啓介**：　シーソーがてこや天びんの学びの原点だとしたら、原点としての遊び方については誰から教わるのだろう。
>
> **美佳**：　遊び方を知らないんだ。危険遊具っていうのも危険な遊び方をしてしまうから、そんなレッテルを張られてしまうのかもしれないね。

啓介と美佳の疑問に答えよう～シーソーの遊び方伝授（遊び上手は学び上手）～

　てこや天びんの学習の原体験となるシーソー遊びとはどのような遊び方なのでしょうか。遊び方には、レベルに応じて次の３種類があるというのです。

　その１：体重のほぼ同じくらいの二人でのシーソー遊び

　その２：教師と子ども、また体重の差の大きな子ども同士でのシーソー遊び

　その３：３人や４人でのシーソー遊び

　いずれも、小学校の先生のための学習指導書で1953（昭和28）年に紹介されたものです。ここでは、その１の体重のほぼ同じくらいの二人でのシーソー遊びについてみてみましょう。

　足で地面をけって上がるだけでは面白みが少ないから、足で地面をけらないで遊ぶ方法をくふうさせる。まず、左右どちらにも支点からほぼ同じ距離のところに腰をかけ、よくつり合いがとれるように体を前後して調子を整える。このとき、板（児童が座る板）に印がつけてあれば、そこへ腰かけただけでつり合いがとれることに気がつく。体を前に曲げたり、うしろにそらしたりすると、つり合いが破れて、シーソーがゆっくりと上がったり下がったりする。体を大きく曲げたりそらしたりすると、シーソーの動きもだんだん速くなり、二人の呼吸がぴったり合うと、動きがなめらかになる。こうして遊んでいるうちに、シーソーに関する興味も増し、つり合いの意味も分かってくる。（下線は筆者による）

　<出典>『小学校学習指導書理科編　実験観察の方法（中）』、p142、文部省、1953（昭和28）年

　楽しいシーソー遊び、そして自らの工夫が形となって現れる遊びを通してこそ、実感として、てこのはたらきやつり合いの意味がわかってくるのです。まさに原体験としてのシーソー遊びです。続いて、体重差が大きな二人での遊びでは、「体重の軽い人でも、自分より重い人を上げることに気がつく」という、てこのはたらきそのものへの気づきが期待されています。

　いろいろなことのへの気づきを通して、「てこの原理がおぼろげながらわかってくる」のであり、こうした体験を無視してしまって、結果を急いで、理解の困難な理屈を子どもに押しつけない方がよいと指摘しています。

　振り子の運動や、てこのはたらきの学習では、ブランコやシーソーなど子ども達が主体的に関われる（楽しく遊べる）身体活動が欠かせないのですが、そのためにはその後の学習に配慮した遊び方の指導が前提になければなりません。

02 てこそのものの性質：つり合いの原点

小学校理科教材「てこのはたらき」からどのような深まりが期待できるか。以下では、次の2点について扱います。ともに、中・高等学校での学びにつながるものです。

> 02 てこそのものの性質
> 03 静力学への足掛かり

まずは、てこそのものの性質についてです。てこのはたらきでは、小学校理科で唯一公式が登場することはすでに触れたとおりです。この公式は、てこを傾けるはたらきが支点の左右で等しいという関係（隠れた関係）を表したものです。再度、示しておきましょう。

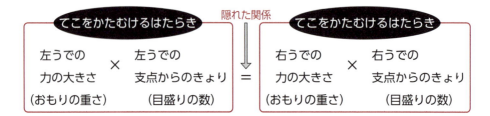

小学校では、この隠れた関係を探究的に気づかせるように、てこ実験器（図6）をはじめ、いろいろな教具が使われています。実験結果として子どもたちの目の前に現れるのは、腕にぶら下がっているおもりの数（重さ）や、おもりのぶら下がっている場所（支点からの距離）の情報であって、ただちにつり合いの式が得られるわけではありません。だからこそ、子どもたちにとっては隠れた関係なのです。

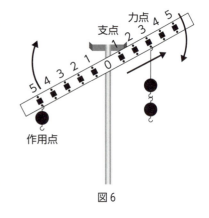

図6

これらの情報から隠れた関係を探り出すには、そのための活動、しかも子ども自身による主体的な活動が大切です。「知りたい」というモチベーションづくりには、シーソー（遊び）が格好の素材ですが、シーソーであれ、てこ実験器であれ、隠れた関係に到達するには、次の2点についての合点（納得）がなければなりません。

① おもりの重さ（単位：N）と腕の長さ（単位：m）の積をとること
② てこを傾けるはたらきの「はたらき」についての具体的なイメージ

シーソー遊びでは、①と②が自覚されないままに、「シーソーがバランスを保つには、支点の両側でおもりの重さと腕の長さとが一体となって関わりあっている」ことへの気づきが期待されています。この未分化な状態からおもりの重さと腕の長さを分化させ、そのうえでもう一度両者を結びつける（一つの物理量として昇華させる）という作業に向かわせることになります。てこ実験機は、そのための道具です。

てこのはたらきの「はたらき」とは何か

　ところで、てこの「はたらき」と聞いて、何を連想しますか。小学校の理科の教科書には、てこの身近な例として、はさみ、ペンチ、栓抜き、くぎ抜き、空き缶つぶしなど、小さな力で大きな効果を生む道具が挙がっています。いずれも、仕事が楽になるための道具です。てこのはたらきの「はたらき」とは仕事に関わるものであり、前述の公式にみられる「てこをかたむけるはたらき」もまたてこを使っての仕事だろうという印象を受けます。以下、てこをかたむけるはたらきと仕事、さらにはつり合い（の式）との関係について考えます。

　そこでまず、てこを用いた仕事をテーマとした例題2にチャレンジしてみましょう。シーソー遊びという原体験の有無が、問題の理解や解答のアプローチのしかたに大きく影響することに気づくはずです。

> **例題2　大学入試問題**
> （2012年度大学入試センター試験／理科総合A第2問（問2））
>
>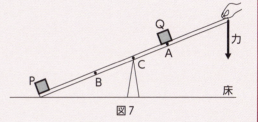
>
> 　図7のように、シーソーの左端に小物体Pを固定し、点A、BまたはCのいずれかにPと同じ質量の小物体Qを固定する。ここで、シーソーの右端を手で静かに床まで押し下げる仕事を考えよう。それぞれの点にQを固定した場合、手がシーソーを床まで押し下げる仕事をW_A、W_B、W_Cとすると、W_A、W_B、W_Cの大きさにはどのような関係が成り立つか。正しいものを、下の①〜⑦のうちから一つ選べ。
>
> ① $W_A = W_B = W_C$ 　② $W_A > W_B > W_C$ 　③ $W_A > W_C > W_B$ 　④ $W_B > W_A > W_C$
> ⑤ $W_B > W_C > W_A$ 　⑥ $W_C > W_A > W_B$ 　⑦ $W_C > W_B > W_A$
>
> 正解▶　⑤

例題のねらい　原体験の有無で解答へのアプローチが決まる

　確かにシーソー遊びを通して、道具としての「てこ」のはたらきをより身近に感じることができます。公式も何も知らない園児であっても、シーソー遊びに日々興じていれば、この例題も難なく解いてしまうかもしれません。問題を見て、子どもたちは図8のようなイメージを抱くことでしょう。

　例えば、図8（a）の点Aと図8（b）の点Bに、小物体Pと同じ重さの荷物（小物体Q）が載っている場合の手のする仕事の大小を比べてみましょう。シーソーでは、荷物の代わりに図8の点線で示したような、ほぼ同じ体重の子どもが座っているというイメージです。このとき、

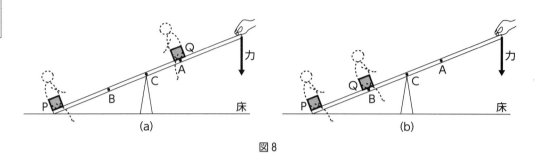

図8

「シーソーの右端を手で下に押して2人を持ち上げたいのだけれど、図8の (a) と (b) でどちらの方がより大きな力がいるだろうか？」と問いかければ、子どもたちからは即座に「(b) に決まっているよ」という声が返ってきそうです。では、点C（支点の上）に子どもが座っている場合はどうでしょう。この場合だって、「Cに座ったらだめ。ここに座ったら動かないよ」、子どもたちはちゃんと知っています。荷物を人に置き換えさえすれば、難なく「$W_B > W_C > W_A$」という答えに行きつくのです。

では、なぜ高校生は例題2を難しく感じてしまうのでしょうか。それは、図7で小物体PやQ、点A、点Bにある個々の物体を持ち上げる（または下におろす）仕事にばかり目が奪われ、

・小物体Pを重力に逆らって、h だけ持ち上げる仕事は……

・点Aに物体がある場合は、移動方向が下だから仕事は……

なんて考えたとたん肝心のシーソーのはたらきから離れてしまい、全体像が見えなくなってしまうからです。まずは、慣れ親しんだシーソーのイメージで全体像を把握し、そのうえで個々の物体の仕事量を公式を適用しながら求めていくことが大切です。

つり合いの式を読み解く

では、次にてこのつり合いの公式を活用する2つの例題にチャレンジしてみましょう。例題3は高校入試、例題4は大学入試センター試験として出されたものです。

例題3　高校入試問題

(2016年度和歌山県立高等学校入試／理科 5 〔問1〕(2)、一部改変)

和也さんは、図9のように、てこを0.9m押し下げ、質量6kgの荷物を0.3m持ち上げた。荷物が持ち上げられた状態で静止しているとき、和也さんがてこを押す力の大きさは何Nか、答えなさい。

ただし、質量100gの物体にはたらく重力の大きさを1Nとする。

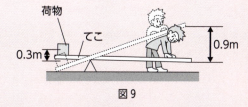

図9

正解▶ 20N

例題のねらい　てこを用いる意味（仕事の道具）

てこは滑車や斜面同様、加える力を軽減させる便利な道具ですが、仕事そのものが楽になることはありません。これが**仕事の原理**です。仕事の原理は、中学校3年生で学習します。

> てこや滑車など道具を使うと、小さな力で仕事ができる。しかし、力を加える距離が長くなるので、道具を使わない場合と仕事の大きさは変わらない。

問題を解くカギは、この仕事の原理です。てこを使って、左端にある6kgの物体を0.3m持ち上げるのですが、図10 (a) からも明らかなように、和也さんはてこの右端を0.9mも引き下げなければなりません。0.9mは0.3mの3倍ですから、距離では3倍だけ長くなったわけです。ここで仕事の原理が登場します。てこなどの便利な道具を使っても仕事の量は変わらないことから、図10 (b) の表のように、てこの右端を押す力は、少なくとも6kgの3分の1、すなわち2kgの物体を持ち上げるだけの小さな力でよいことがわかります。

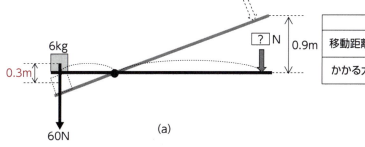

図10

和也さんがてこの右端に加えた力は20Nだとわかったのですが、この問題で求めているのは、<u>てことして用いた棒が水平な状態で</u>、左端に6kgの荷物（荷物にかかる重力は60N）を載せたまま、てこを静止させておくのに20Nでよいのかということです。てこが水平な状態で静

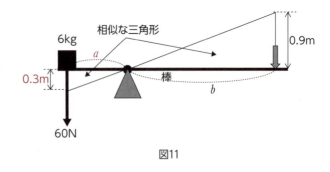

図11

止しているとは、てこの左端で物体を下に引いている力（60Nの重力）と、右端でてこを押している力とがつり合っているということですから、つり合いの式の出番です。ここで図11のように、支点から左にある物体までの距離をa、また右にある和也さんが押さえている手までの距離をbとします。このとき、てこのつり合いの式は次のようになります。

| 左うでの
物体の大きさ
（重力60N） | × | 左うでの
支点からのきょり
（a） | = | 右うでの
力の大きさ
（手で押さえる力） | × | 右うでの
支点からのきょり
（b） |

では、求めてみましょう。

　　60N × a〔m〕= 和也さんがてこを押している力 × b〔m〕
　この式から和也さんがてこを押している力を求めると、両辺をbで割り算して
　　和也さんがてこを押している力 = 60N × $\dfrac{a}{b}$

　ここで、右辺の分数$\dfrac{a}{b}$ですが、図12のように、2つの三角形の相似から$\dfrac{a}{b} = \dfrac{0.3}{0.9} = \dfrac{1}{3}$となります。

　したがって、求める力は

　　和也さんがてこを押している力 = 60N × $\dfrac{1}{3}$ = 20N

となります。

　この値は仕事の原理から求めた力の大きさに他なりません。

　ここで大切なことは、てこのつり合いの式に出てくる「支点からの距離（aやb）」は物体を持ち上げたり、また手でてこの腕を押し下げた距離とは違うのですが、両者の比はともに$\dfrac{1}{3}$と等しくなっているということです。この支点からの距離と、実際に物体に仕事をして移動させた距離との関係は、もう一度「啓介と美佳の疑問」（p44）で取り上げることにします。

　これまで「仕事」という言葉（物理量）を用いてきましたが、ここで改めて「仕事」の表し方についてまとめておきましょう。仕事とエネルギーの意味については第1章で扱いました（p13）。

理科の基礎知識　仕事の定義

物体に加えられた仕事は次のように表すことができます。理科でいう仕事の定義です。

仕事〔J〕＝〔物体に加えた力〔N〕〕×〔力の向きに動いた距離〔m〕〕

このように、仕事とは力と力の向きに動いた距離との積で表されるのです。仕事の単位は〔J〕で表しますが、これは熱もエネルギーであることを明らかにしたジュール（J.P.Joule）の頭文字Jをとって単位にしたのです。

この仕事の定義によると、懸命に力を物体に加えても物体がびくともしなければ仕事をしていないことになり、また図13のように力の向き（鉛直方向）と物体の移動の向き（水平方向）とが90°を成している場合も、この力は仕事をしていません。手で物体を持ちながら真横に移動した場合などがその例です。このとき、物体は力の向きに動いて

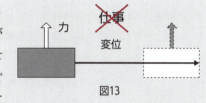

図13

いないので、物体を持ち上げている手は仕事をしていないのです。力を加え、物体が加えた力の向きに動いたとき、その力は物体に仕事をしたというのです。私たちが日常使っている仕事の意味とは違っていることになります。

てこのはたらきのもう一つの意味

次の例題では「てこのはたらき」の仕事以外のもう一つの意味について考えます。そして、てこのつり合いとは何がつり合っているのかに迫ります。

例題4　大学入試問題
（2005年度大学入試センター試験／物理ⅠB第1問（問2））

質量 M、太さおよび密度が一様で長さが L の角棒が図14のように水平に置かれている。支点Aは角棒の左端から$0.1L$、支点Bは支点Aから$0.7L$の距離にある。この角棒の右端に質量 m のおもりを、質量が無視できる糸を用いてつり下げたところ、角棒は水平のままであった。このとき、支点A、Bで支点が角棒におよぼす力は鉛直上向きである。その大きさをそれぞれ F_A、F_B とする。

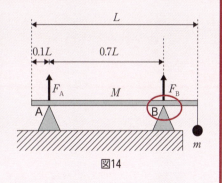

図14

角棒が支点Bのまわりに回転しないことを表す式はどうなるか。正しいものを、下の①～④のうちから一つ選べ。ただし、重力加速度の大きさを g とする。

① $LMg - Lmg - LF_A - LF_B = 0$ 　② $0.3LMg - 0.7LF_A - 0.2Lmg = 0$

③ $0.3LMg - 0.7LF_B - 0.9Lmg = 0$ 　④ $0.5LMg - 0.9LF_A + 0.2LF_B = 0$

正解▶　②

例題のねらい　なぜ難しいと感じるのか　ポイントを図に書き込む

「例題3と比べて問題文が長くてうんざり」、これが例題4をみての第一印象ではないでしょうか。この問題文の長さには、もちろん理由があります。それは、「あいまいな表現のため、解釈が何通りもできてしまう」ことを避けるためです。たとえば、最初の下線部「太さおよび密度が一様」では、棒の内部のつまり方によっては棒の重心が右に寄ったり左に寄ったりします。そうではなく、棒の真ん中（棒の端から$0.5L$）のところに重心があることを宣言しているのです。また、「質量の無視できる糸」も、単に糸としてしまっては、「この糸の質量はどうなの？」という疑問が残ってしまって安心して問題に向かえなくなってしまいます。解く人の心理を考えると、このような心配（疑問）は取り除いておく必要があります。

下線部に注意して棒や糸についての情報をしっかりと図に書き込んでしまえば、あとは文章から離れ、図で考えていけばよいのです。そこで、図にすべての情報を書き込んで、うんと表現を易しくしたものが次の例題4の解きほぐし（小学生バージョン）です。高校入試問題の例題3よりも簡単かもしれません。Mやm、Lなどの文字を数値に変えてしまえば、小学生にだって解けてしまいます。

例題4の解きほぐし　小学生用問題：つり合いの式の意味に迫る

図15のように、棒の支点Bのまわりに、次のような3つの力がはたらいて棒が水平になって静止しています。

① 支点Bから、右に$0.2L$のところに重さmgのおもり
② 支点Bから、左に$0.3L$のところに重さMgのおもり
③ 支点Bから、左に$0.7L$のところにF_Aの力

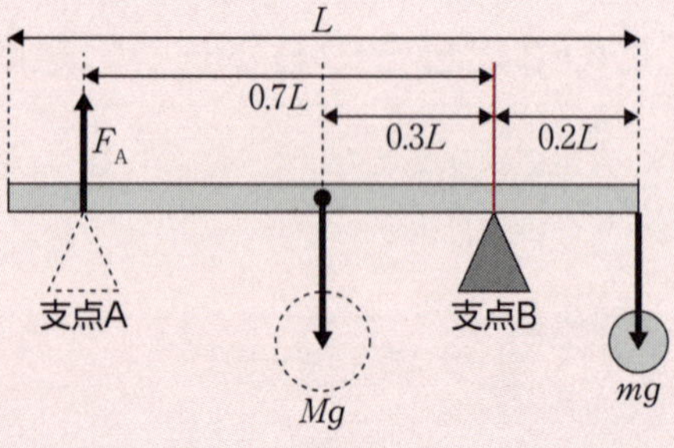

このとき、支点Bについてのつり合いの式を求めなさい。

図15

正解▶　$0.3LMg - 0.7LF_A - 0.2Lmg = 0$

例題4の問題文には、解答として①～④の選択肢が与えられています。この式の形はいずれも、てこのつり合いの式と違ってA + B = 0という形です。しかし、つり合いの式は変形すれば

　　左の腕（てこを傾けるはたらき）＝ 右の腕（てこを傾けるはたらき）
　→　左の腕（てこを傾けるはたらき）－ 右の腕（てこを傾けるはたらき）＝ 0

となり、選択肢①～④はすべて、てこのつり合いの式の候補だと考えられます。ここで、「てこを傾けるはたらき」を考える際に、注意しておきたい大切な約束事があります。それは、はたらいている力が支点Bに対して、てこをどちら向きに傾けようとしているかをはっきりとさせることです。例えば、図14や図15では、てこの棒の右端に重さがmgのおもりがありますが、これ

は支点Bを中心に、**てこを時計回り（時計の針が動く向き）に傾けよう**としています。

では、残りの2つの力はどうでしょうか。

○ 棒にはたらく重力 Mg は、
  支点Bを中心に**反時計回り**に
○ 支点Aから受ける力 F_A は、
  支点Bを中心に**時計回り**に

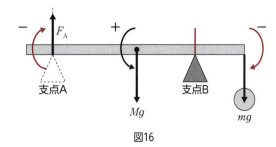

図16

それぞれてこを傾けようとします。

　このように、それぞれの力によっては支点Bを中心にてこを傾けようとする向きが異なっているのです。てこを傾ける向きの違いは「反時計回りをプラス（＋）」に、また「時計回りをマイナス（－）」にというように符号の違いで表すことにします。したがって、このことを考慮すると、図16の場合、てこのつり合いの式は次のようになり、例題4にも適用できます。

$$\boxed{重力 Mg によるはたらき} - \boxed{力 F_A によるはたらき} - \boxed{おもり mg によるはたらき} = 0$$
$$Mg \times 0.3L \qquad\qquad F_A \times 0.7L \qquad\qquad mg \times 0.2L$$

　ここで、例えば「重力 Mg によるはたらき」の具体的な形は、てこの公式（p30）から

$$\boxed{てこをかたむけるはたらき} = \boxed{力の大きさ \times 支点からのきょり}$$

となり、力の大きさ（重力 Mg）と支点からの距離（0.3L）をかけ合わせた $Mg \times 0.3L$ となります。同様に、力 F_A によるはたらきやおもり mg によるはたらきについても、それぞれ $F_A \times 0.7L$ や $mg \times 0.2L$ となります。これで、支点Bまわりのつり合いの式が求まりました。例題4は選択肢②が正解だったのです。このように、大学入試センター試験といえども、その核心のところでは小学校で学んだ「てこのはたらき」や「てこのつり合いの式」が効いているのです。

　さて、てこのはたらきには、**2種類のはたらき**があることが見えてきました。てこを使って仕事をさせる**仕事としてのはたらき**、つり合いの式に登場したてこを支点のまわりに傾ける**傾けるはたらき**です。この2つのはたらきは全く異なったものなのか、それとも根っこのところはつながっているのでしょうか。次の啓介と美佳の疑問もこの点に向けられています。

啓介と美佳の疑問

> 美佳: 大学入試問題で問われている中身でも、小学校で習った考えを使えば解けちゃうんだ。物理は難しいっていう印象しかなかったんだけど、何を難しいと感じていたのか……。物理の内容そのものではなかった気がする。
>
> 啓介: そうなんだけど。例題3はてこを使っての仕事だった。しかし、例題4はてこを傾けようとするはたらき、ここのところがよくわからない。
>
> 美佳: どういうこと？ てこを使っての仕事と、てこを傾けようとするはたらきよね。
>
> 啓介: そうなんだ。この2つは同じものなんだろうか。それとも違うのか。そもそも、てこのつり合い式って、仕事とどういう関係があるのだろう。

啓介と美佳の疑問に答えよう～つり合いの式に隠れた2つのはたらき～

●つり合いの式に託されたエネルギーの視点

てこを扱う単元は、エネルギー領域、特にエネルギーのとらえ方を育む単元として位置づけられています。てこのつり合いの規則性（てこを傾けるはたらき）を、てこによる仕事、すなわちエネルギーの視点で量的・関係的に導き出してみることにします。

ところで、物体に加えられた仕事は次のように表すことができました（p41）。

仕事＝〔物体に加えた力〕×〔力の向きに動いた距離〕・・・（1）

さらに、仕事に関しては、てこのような機器を用いても仕事の量そのものを軽減させることはできないという「**仕事の原理**」もありました。物体を動かす力が10分の1ですむようなてこを使って、一見、仕事で得をしたように感じても、実は物体を動かす距離は元の10倍になっているわけです。手元にある小学校6年生の教科書には、この仕事の原理については触れられていません。仕事の原理は中学校で学習する内容なのです。このため、てこなど便利な道具を使えば仕事そのものが楽になるというゆがんだ考えを抱いている児童も少なくないのではないでしょうか。

つり合いの式に登場する「てこを傾けるはたらき」は、

てこを傾けるはたらき＝〔おもりの重さ〕×〔てこの腕の長さ〕・・・（2）

と表せました。てこの腕の長さとはおもりから支点までの距離であり、おもりを垂直方向に持ち上げた距離とは違います。このことが、<u>（2）式のてこを傾けるはたらきと、（1）式で定義した仕事とが結びつかない原因の一つです。</u>

図17は、中学校3年生の仕事とエネルギーで登場するものです。例えば、同図では、てこのつり合いの式は、

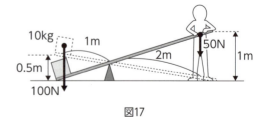

図17

　　（支点の左）100 N × 1 m ＝ 50 N × 2 m （支点の右）・・・（3）

となります。一方で、人がした、また物体に加えられた仕事は、それぞれ

てこの右の端： 50Nの力を加えて1mだけ押し下げた。仕事は 50N × 1 m
てこの左の端：100Nの力がかかる物体を0.5mだけ持ち上げた。仕事は 100N ×0.5 m

となります。(3)式のつり合いの式の各項は、この手がした仕事、また物体に加えられた仕事を表していません。

では、つり合いの式((3)式)に登場する「人がてこを傾けるはたらき(50N × 2 m)」と、「人がした仕事(50N × 1 m)」とはどのような関係にあるのでしょうか。このことが明らかにならない以上、てこのつり合いの式は、てこのはたらき(てこを用いての仕事)とは結びつかないことになります。

●てこを用いた仕事から、てこのつり合いの規則性を導く

図18のように、てこのつり合いでは、「支点Cから距離 a、b にある点A、Bに力 F_A、F_B がはたらいていて、しかも

$$F_A \times a = F_B \times b \cdots (4)$$

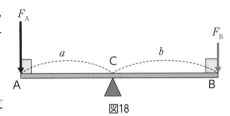

図18

が成り立つ」とき、てこはつり合っているといい、支点(点C)まわりに、てこはどちらにも回転しないことを表しています。高等学校では、このような回転を表す物理量のことを**力のモーメント(力の能率)** と呼んでいます。

一方、小学校では、力のモーメントを「てこをかたむけるはたらき」といい、(4)式は「どちらにもかたむかない」ための条件式だと考えることができます。力のモーメントと仕事とは異なった物理量です。したがって、このままでは、てこのつり合いの式は「てこを使えば仕事が楽になる便利な道具」という小学生が抱く仕事のイメージとは結びつかないのです。

力のモーメント $F_A \times a$、$F_B \times b$ は、図18からもわかるように、ともに点A、Bそれぞれにはたらく力(F_A、F_B)と支点からの距離(a、b)は垂直の関係にあり、仕事とは無関係な量です。すると、「てこはエネルギーの単元なのに、てこのつり合いの式((4)式)は仕事やエネルギーとは無関係なのか」という疑問がよぎります。

ここでは、以下、**仮想仕事の原理**を用いて(4)式を導きます。仮想仕事の原理とは、

> 「束縛力が仕事を行わないという条件の下、着目している体系(てこ)に対して、束縛条件を破らない範囲(①)でその構造上許される任意の変位(仮想変位)を考え(②)、この変位に対して加えられた力の行う仕事(仮想仕事)の和が0になる(③、④)」ことが、つり合うための条件である。

というものです。言葉だけでは難しく、何をどうすればよいのかピンときませんね。そこで、この原理をてこにあてはめてみましょう。仮想仕事の原理の①〜④は、それぞれ次のような流れ(手順)になります。

① てこの形を保ったまま（常に横棒の真ん中に支点がある）、
② 点 A、B にはたらく力に仮に少しだけ仕事をさせてみて、
③ 点 A、B での仕事の和を求め、
④ その仕事を 0 にするような力が、実はつり合いを成り立たせている力なのだ。

では、この原理にしたがって、図19を参照しながら、それぞれ①〜④の順で（4）式を導いてみます。

---

① 点 C を支点として、これが移動しない（ずれない）状態で点 A、B を小さく動かす。
② 点 C を中心として微小な角 $\Delta\theta$ だけてこを回転させたとすると、点 A は $a \times \Delta\theta$ だけ上に移動し、点 B は $b \times \Delta\theta$ だけ下に移動する。
③ 仕事の定義から力 F_A、F_B がする仕事はそれぞれ

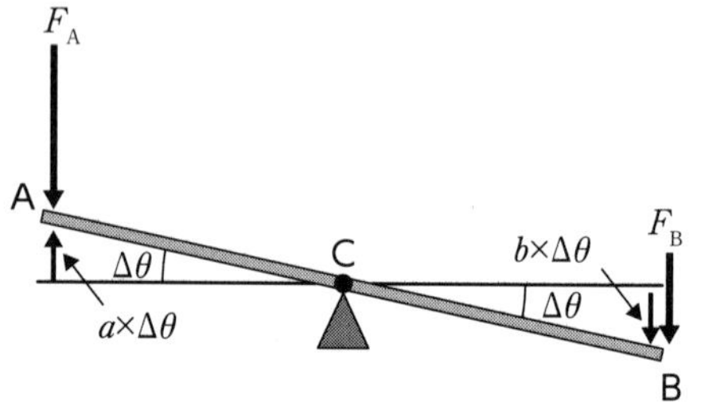

　F_A のする仕事：$-F_A \times a\Delta\theta$
　F_B のする仕事：　$F_B \times b\Delta\theta$

となり、仕事の和 ΔW は

　$\Delta W = -F_A \times a\Delta\theta + F_B \times b\Delta\theta = (-F_A \times a + F_B \times b)\Delta\theta$

となる。
④ つり合いの条件は $\Delta W = 0$ であるから、$F_A \times a = F_B \times b$ が導ける。

図19

$F_A \times a = F_B \times b$ という関係が成り立っていれば、力 F_A、F_B は仕事をしない。つまりは、つり合いが成り立っていることになります。このように、つり合いの位置にあるてこを、本当は仕事をしないのだが、仮に仕事をしたとして式をたて、その仕事をゼロにするような力の関係として（4）式を導いたのです。したがって、この原理から導ける $F_A \times a$ や $F_B \times b$ はエネルギーに関係した物理量だとわかります。

ここで用いた仮想仕事の原理ですが、次のような例で考えるとわかりやすいです。図20の(a)、(b) は、ともに小さな球体が大きな円形のリング（輪っか）に載っている様子を表しています。

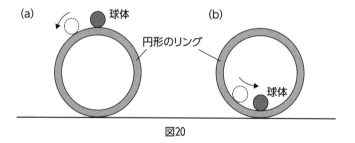

図20

（a）、（b）の違いは

　（a）：大きな円形のリングの上に小さな球体が載って静止している

　（b）：大きな円形のリングの下に小さな球体が載って静止している

では、（a）、（b）でどちらの球体の方が**安定な状態**でしょうか。

　当然（b）の方だとわかるのですが、実はそのように判断した背景には、この小さな球体を少しだけ動かしてみたら、球体はその後どのような動きをするだろうかという予想をもとに判断しているのではないでしょうか。

　（a）の球体は、そのまま円形のリングの面に沿って下に落ちていってしまう。

　（b）の球体は、少し揺れるけれど、しばらくするとまた元の場所にかえって静止する。

　だからこそ（b）の球体の方が安定だというわけです。

　このように安定かどうかは、じっと見ていたのではわかりません。仮に少しだけ動かしてみて（安定な状態をいったん打ち破ってみて）、その後の動きを見て判断するという発想が大切です。仮想仕事の原理にも、この発想が息づいています。

03 静力学への足掛かり：重心への気づき

では、てこのつり合いの式をまったく別の見方、すなわち「てこの横棒の重心はどこか」という見方で探ってみることにしましょう。キーワードは「重心」です。重心は、わざわざルビを振らなくても読めますし、またその意味もイメージできます。相撲中継でも、解説者がよく「腰を下げて、重心を低くしてぶつかることが肝心」なんて言っています。

理科の教科書や用語集では、重心を次のように説明しています。

重心の説明
①重心とは、物体をつくっている各部分の重さが1点に集まっていると考えられる点（重さが集中している点）で、
②物体の重心を糸でつるすと、物体をどんな位置でも静止させることができ、
③物体を糸でつるしたとき、その物体の重心は、糸でつるした点の鉛直線上にある。
<出典>『改訂新版 理科基本用語集』、吉野教育図書、2010年

---

①が重心の意味で、②は重心の性質。また、③を使うと物体の重心を求めることができます。しかし、文章だけでは何をどうすればよいか、なかなかイメージできませんね。

そこで、ドーナツを例に、その重心を求めてみることにしましょう（図21）。なお、図中のA、Bはドーナツ側面の任意の2点です。③によると、図22のように

(a) ドーナツの点Aで、ドーナツを糸でつるすと、その糸の線上に重心がある
(b) ドーナツの点Bで、ドーナツを糸でつるすと、その糸の線上に重心がある

ことになるので、図22（b）のように、(a)、(b)それぞれの糸の交わったところがドーナツの重心だとわかります。

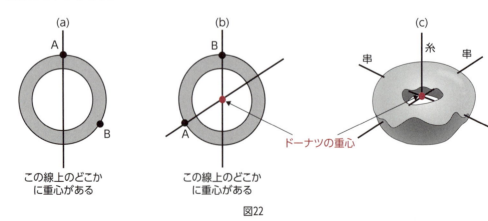

図22

不思議ですが、ドーナツの重心はドーナツ本体（おいしいところ）にはなく、真ん中の穴のところにあるのですね。こうして見つけたドーナツの重心（図22（c））ではドーナツに突き刺した串の交点のところに糸をつけてぶら下げると、ドーナツはまるで床に置かれたようにどちらにも傾かずじっとしています。これは重心の説明の②のことをいっています。なにも糸でぶら下げなくても、指で重心のところを支えても、やはりドーナツはどちらにも傾かず、指の上でじっとしています。重心はまるでてこの支点のようです。

てこの支点の新しい見方

「重心はまるでてこの支点のようだ」と指摘しましたが、ここでは、このことをさらに進めて

てこの支点の場所　＝　てこの重心

と定義することができれば、てこの世界はぐんと広がります。視点を変えるだけで複雑な問題はずいぶん見通しがよくなり、さらには高等学校物理とのつながり（系統性）も明らかになります。では、次の例題を通して実感してみましょう。

例題 5　オリジナル問題：つり合いの深い理解

図23のように、つり合いの状態にあった6個のおもりを水の入った水槽の中に沈めた。このとき、天びんの腕の動きとして最も適当なものを、下の①～③のうちから、また、そのように考えた理由として最も適当なものを、下の④～⑦のうちからそれぞれ一つずつ選べ。ただし、おもりはすべて同じ材質で、同体積、同質量とする。また、おもりについている糸の質量や体積は考えないものとする。

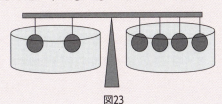
図23

天びんの腕の動き
　① つり合いの状態は変わらない。　② 右側の腕が上がる。　③ 右側の腕が下がる。

そのように考えた理由
　④ おもりは浮力を受けて軽くなるから。　　⑤ おもりは水圧を受けて重くなるから。
　⑥ おもりに働く浮力と水圧はつり合うから。
　⑦ 左右の腕の重心の位置は変わらないから。

正解▶　天びんの腕の動き①、そのように考えた理由⑦

例題のねらい　視点を変えてみよう

　この例題は、かつて理科の先生方にチャレンジしてもらったものです。問題を見たとたん「えっ、どういうこと？」「浮力が関わっているから……」「体積は同じだけれど、支点の左右でおもりの数が違うから、受ける力の大きさも異なる」など、いろいろなつぶやきが聞かれました

が、結果は残念ながら不正解でした。しかし、さすが、理科の先生らしく、「浮力」や「受ける力」、また「体積」や「おもりの数」など着眼点は素晴らしいものでした。着眼点はいいのに、なぜ正解に至らなかったか。それは、全体のイメージ（ズバリ、正解のイメージ）がなかったからです。

理屈を組み合わせていっても、正解には至らないことがあります。この例題5もまたそのような問題なのです。では、どのように考えればよいのでしょうか。次の図24（a）で、2つのおもりをグループA、4つのおもりをグループBとしましょう。

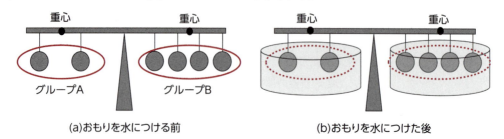

(a)おもりを水につける前　　　　(b)おもりを水につけた後
図24

まず、おもりを水につける前後で、それぞれのグループの重心の位置がどのように変化するかを調べます。（a）の**水につける前**は、グループA、グループBの重心は、それぞれ2つのおもりの真ん中、4つのおもりの真ん中にくることは容易に想像がつきます。では、（b）のように、このまますっぽりと**水につけた後**、グループA、グループBの重心の位置はどうなるでしょう。グループAで考えてみましょう。2つのおもりは同じ体積ですから、同じ大きさの浮力を受け、その浮力の分だけ重さが軽くなります。2つのおもりの重さが同時に同じ分量だけ軽くなったのですから、重心の位置は変化しません。グループBも同じです。水につける前後で、グループAもBも重心の位置は変化しないのです。2つのグループで、それぞれの重心の位置が変わらなければ、天びんはつり合ったままと言ってもよい？……これ以降は、シーソーで考えればよいのです。

図25のように、
（a）　シーソーに2人の6年生が座り、つり合っている。
（b）　シーソーの（a）と同じ場所に、体重が同じ比率だけ軽くなった2人の1年生が座る。
とします。

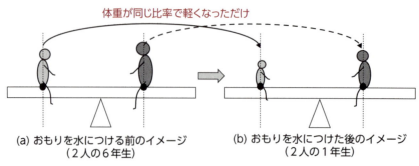

(a) おもりを水につける前のイメージ　　(b) おもりを水につけた後のイメージ
　　　（2人の6年生）　　　　　　　　　　　　（2人の1年生）
図25

ここで、同じ比率だけ軽くなるとは、減った体重の全体重に占める割合が同じことを指しています。例えば、体重が10kgだけ軽くなるといっても、20kgの人にとっては50％、40kgの人にとっては25％軽くなったことになり、同じ10kgでも比率が異なるのです。40kgの人は20kgダイエットしなければ同じ割合（50％）にはなりません。

　(a)、(b)の結果は、シーソーはつり合ったままですね。

　変化の前後で重心の位置が変わらないということがポイントです。ここでもシーソーのイメージが決め手になりました。したがって、例題5の正解は

　　天びんの腕の動き　①つり合いの状態は変わらない。

　　そのように考えた理由　⑦左右の腕の重心の位置は変わらないから。

となります。小学生には重心や浮力という言葉を使って、「なぜつり合ったままなのか」の理由までは答えられないかもしれませんが、「水につけてもつり合ったままだ」という正解はイメージできるのです。

　では、水につけてもつり合ったままだというイメージ（見通し）を持って、高校生らしい正解を考えてみましょう。

　おもり1個の重さを W とする。支点から、左右の重心までの距離を、それぞれ a、b とすると

　　$2W \times a = 4W \times b$　・・・①

が成り立つ。水中では、おもりの重さが軽くなり W から W' になったとすると、重心の位置は変化しないから、①式は

　　$2W' \times a = 4W' \times b$　・・・②

となり、つり合いはそのまま保たれる。

　図24や図26でグループAやグループBのそれぞれの重心の位置はわかりましたが、2つのグループを足した合計6個のおもり全体の重心はどこに来るのでしょうか？　この6個のおもり全体の重心が、もしてこの支点と一致していれば、その重心を指で支えていれば、たとえ腕

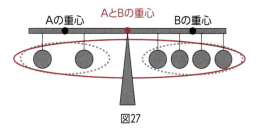

図27

の左右で個数の違うおもりがあったとしても、てこはどちらにも傾かないことになります。重さが集中した点を、その重さに等しい力で支えてやるのですから、物体は静止したまま（つり合ったまま）です。てこがつり合いの状態にあるときの支点とは、まさにてこの重心であるわけです（図27）。

　では、この見通しをもって次の2つの大学入試センター試験にチャレンジしてみましょう。

例題6 大学入試問題

(2013年度大学入試センター試験／物理Ⅰ第1問（問6））

軽い棒の両端に二つのおもりを軽くて細い糸でつなぎ、両方のおもりを密度 ρ の液体中に沈めた。図28のように、棒を点Oでつるしたところ、すべての糸はたるむことなく、棒は水平になって静止した。左右のおもりの質量はともに m であり、体積はそれぞれ $2V$、V である。点Oから棒の左端までの距離 a と、点Oから棒の右端までの距離 b の比 $\dfrac{a}{b}$ を表す式として正しいものを、次の①〜⑥から一つ選べ。

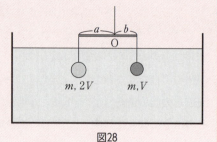

図28

① 1　　② $\dfrac{1}{2}$　　③ $\dfrac{m+\rho V}{m+2\rho V}$

④ $\dfrac{m-\rho V}{m-2\rho V}$　　⑤ $\dfrac{m+2\rho V}{m+\rho V}$　　⑥ $\dfrac{m-2\rho V}{m-\rho V}$

正解▶ ④

例題のねらい　見通しをもつこと　問題を超えたひらめき

この例題は、最初から密度 ρ の液体に沈めた状態を考えていますが、まずは液体に沈める前の様子を考えてみましょう。図29（a）のように、支点Oの左右に同じ重さ（mg）のおもりがぶら下がっていますから、この2つのおもりの重心は棒の真ん中です。この位置が支点です。したがって、腕の長さ a、b はともに等しい長さになります。次に密度 ρ の液体につけた場合を考えてみましょう（図29（b））。このとき、2つのおもりは液体からその体積に応じた浮力を受けます。つまりは例題5で考えたように、2つのおもりはそれぞれの浮力の分だけ軽くなるのです。

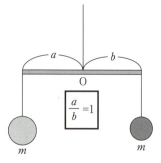
(a)おもりを液体につける前

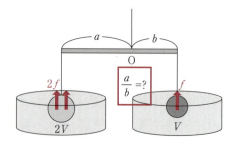
(b)おもりを液体につけた後

図29

図29（b）では、体積 V あたりの浮力の大きさを f という記号で表しています。したがって、液体中での棒のおもりは、浮力の大きさの分だけ、左が右よりも軽くなっています。

左のおもりの重さ $= mg - 2f$　　　右のおもりの重さ $= mg - f$

空気中では、支点は棒の真ん中（aとbは同じ長さ）にありましたが、液体につけたとたん、棒は<u>右側の重いおもり</u>の方に傾いてしまいます。そこで、支点の位置を少しずらす必要が出てきます。「どちらに、いくらずらせばよいか」……。たとえ計算しなくても、棒につけている糸の位置をいろいろ変えてみて、棒がどちらにも傾かないところ（重心）が、求める新しい支点の位置になります（図30）。

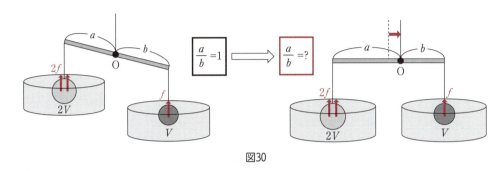

図30

　この新しい支点の位置を、aとbの比で表そうというのが問題のねらいです。ここから先は、てこのつり合いの式を使って解くだけです。

> 支点からおもりまでの長さが、それぞれ a、b だから、てこのつり合いより
> $(mg - 2f) \times a = (mg - f) \times b$ ・・・①
> が成り立つ。①式から、aとbの比 $\dfrac{a}{b}$ は、$\boxed{\dfrac{a}{b} = \dfrac{mg - f}{mg - 2f}}$ ・・・②
> となる。

　ここでは、おもりが受ける液体からの浮力をfという記号で表しましたが、たとえfのままであっても、上で求めた比の形から、例題6は選択肢④が正解だとわかりますね。

　話の流れから少しそれますが、<u>浮力fの具体的な形</u>について説明しておきます。図31のように、密度ρの液体の中に体積Vの物体を入れると、液面は物体が押しのけた液体の量だけ上昇します。液体のかさ（体積）がそれだけ増えたように見えます。実は、この増えた分の液体が元に戻ろうとして物体を押し上げるのですが、この押し上げる力が**浮力**です。したがって、物体が液体の中のどこにあっても、物体が押しのける液体の体積は変わらないので浮力も変わりませんね。密

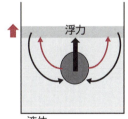

図31

度とは、<u>単位体積当たりの液体の質量〔kg/m³〕</u>のことですから、体積がVのときの液体の質量mは $m = \rho \times V$ となります。密度に体積をかけると質量が出るわけです。この質量の及ぼす力が浮力です。

　　浮力　$f = mg \rightarrow f = (\rho V)g \rightarrow f = \rho V g$

前述の枠の中の②式に、この浮力fの値を代入すれば、確かに選択肢④が得られます。

　次の例題7は、ずいぶん難しい印象を受けますが、問題の内容をきちんと読み解けば、この問題もまた、てこのつり合いの式が下地になっていることがわかります。どのような状況を考えれ

ば、解答へのイメージが持てるかです。

例題7 大学入試問題
(2010年度大学入試センター試験／物理Ⅰ第1問（問4）)

図32のように、1本のまっすぐで細いレールが2点A、Bを支点として水平に置かれている。レールは一様でその質量はMである。AB間の距離はℓ_1であり、レールの端からA、Bまでの距離はともにℓ_2である。質量mの小球をBから右向きにレール上をゆっくりと転がしたところ、Bからの距離がxを超えると、レールがBを支点として傾き始めた。xとして正しいものを、下の①～⑧のうちから一つ選べ。

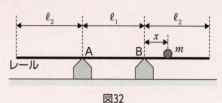
図32

① $\dfrac{M}{m}\ell_1$ ② $\dfrac{M}{2m}\ell_1$ ③ $\dfrac{M}{m}(\ell_1+2\ell_2)$

④ $\dfrac{M}{2m}(\ell_1+2\ell_2)$ ⑤ $\dfrac{m}{M}\ell_1$ ⑥ $\dfrac{m}{2M}\ell_1$

⑦ $\dfrac{m}{M}(\ell_1+2\ell_2)$ ⑧ $\dfrac{m}{2M}(\ell_1+2\ell_2)$

正解▶ ②

例題のねらい　なぜ難しいと感じるのか　全体像（出題者の意図）が見えない

「ボールが運動している」「AとBの2点で支えている」「ボールが運動するにつれてレールが傾き始める」など、個々の動きに目が奪われてしまうと、何に着目すればよいかという解答への確かなイメージが持てなくなってしまいます。実は、ここでも小学校時代のシーソー遊びが下地になっています。それは、図33のようなイメージです。

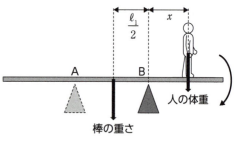
図33

① 人が点Bから右向きに歩き始めます。
② 人が点Bからの距離xに来たときに、棒が点Bを支点として時計回りに傾き始めました。
③ 人の歩いた距離xはいくらでしょうか。

いかがでしょう。これまでの例題で一番簡単ではありませんか。レールを棒に、また小球を人に置き換えましたが、例題7が問うているのは、この人が歩いた（小球が動いた）距離のことなのです。解答は次のようになります。ここでも小学校で学習する、てこのつり合いの式だけを使っています。

> | てこをかたむけるはたらき | | | てこをかたむけるはたらき | |
> |---|---|---|---|---|
> | 左うでの
力の大きさ
(棒の重さ) | × | 左うでの
支点からのきょり
(目盛りの数) | = 右うでの
力の大きさ
(棒の重さ) | × 右うでの
支点からのきょり
(目盛りの数) |

> 支点Bから棒の重心までの距離が $\frac{\ell_1}{2}$、また小球までの距離が x であるから、てこのつり合いより $Mg \times \frac{\ell_1}{2} = mg \times x$ が成り立つ。よって $\boxed{x = \frac{M}{2m}\ell_1}$ となる。

これでは、あまりにも簡単なので、少し発展的な話をしておきましょう。小球がレールの上を走っていますが、まだレールが傾いていない場合を考えます。このとき、図34からレールにはたらいている力は次の3つです。

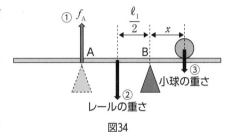

図34

① 支点Aで、上向きの力 f_A（B点からの距離は ℓ_1）
② レールの重さ Mg（B点からの距離は $\frac{\ell_1}{2}$）
③ 小球の重さ mg（B点からの距離は x）

この3つの力の支点Bまわりのレールを傾けるはたらきに着目すると、てこのつり合いの式は次のようになります。

$$Mg \times \frac{\ell_1}{2} - f_A \times \ell_1 - mg \times x = 0 \quad \cdots (1)$$

ここでも、例題4の解きほぐし同様に、これらの力がレールを支点Bを中心にどちら向きに回そうとするのかに注意して符号をつけています。

小球の走る距離 x が長くなると、レールが支点Bを中心に傾き始めるのですが、そのとき、支点Aにはたらいている上向きの力 f_A は0になります。つまり、x の値が大きくなるにつれて f_A が徐々に小さくなり、やがて0になる。このとき、レールが傾くことになるのです（厳密には、f_A を0にする x の値ではまだレールは傾いていませんが、この値よりも少しでも大きくなれば傾き始めます）。

このことを式で表現してみましょう。それには、(1)式を f_A について整理しておく必要があります。

$$f_A = -\frac{mg}{\ell_1}x + \frac{Mg}{2} \quad \cdots (2)$$

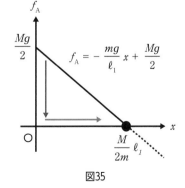

図35

この(2)式はおなじみの1次関数です。(2)式をグラフ化したものが図35です。確かに、小球の動

く距離 x が大きくなるにつれ、支点 A がレールに及ぼす力 f_A は小さくなり、やがて

$$x = \frac{M}{2m} \ell_1 \text{ のとき、} f_A = 0 \text{ となる。}$$

　このとき、レールと小球を合わせた全体の重心は、支点 B の上に来ることになります。全体の重心が支点 A と支点 B の間にあるときは、レールは傾かないのですが、小球が右に運動するにつれて重心も右にずれはじめ、やがて支点 B 上に来ます。それよりも少しでも右側にずれれば、レールは傾き始めるのです。

　重心に気づくことで問題の全体像が見えてきて、確かに見通しがよくなります。しかし、重心という発想は教えられなくても、例えばシーソー体験を通して自然と身につくものなのだろうか。啓介の疑問もこの点に向けられています。

啓介と美佳の疑問

> 啓介：　例題 7 だって、確かに重心の移動でとらえると、問題がシンプルになって考えやすいと思うんだけど……。でも、重心って、言葉にすると重い感じがする。
>
> 美佳：　どういうこと？　重心の意味が理解しにくいってこと？　重心って……。
>
> 啓介：　意味はわかりやすい。だけど、たとえ習わなくても自然と身についているものだろうか。習ったから、それを使わなければならないとしたら、無理強いみたいでいやな感じがする。

啓介と美佳の疑問に答えよう〜重心を意識する瞬間をつくり出す〜

　遊びを通して重心に気づくことはできるのでしょうか。ここでも原体験としてのシーソーの出番です。p35で紹介した『小学校学習指導書』には、次のような遊び方が示されています。

> 　体を前に曲げたり、うしろにそらしたりすると、つり合いが破れて、シーソーがゆっくりと上がったり下がったりする。体を大きく曲げたりそらしたりすると、シーソーの動きもだんだん速くなり、二人の呼吸がぴったり合うと、動きがなめらかになる。
> <出典>『小学校学習指導書理科編　実験観察の方法（中)』、p142、文部省、1953（昭和28）年

　シーソーに座ったまま「からだを前に傾けたり、後ろにそらしたりして」という遊びもまた子どもたちの大好きなシーソー遊びの一つです。支点からの距離も変わらない、また体重も変わらないのに、なぜ座り方（姿勢）の違いでつり合ったり、つり合わなかったりするのでしょうか。図36は、つり合いの位置で、太郎がからだを前後に倒した様子を表しています。

　（a）太郎が**前に傾く**　→　太郎の**重心**が支点側に移る　→　花子が下に下がる

　（b）太郎が**後ろ**にそらす　→　太郎の**重心**が支点側から離れる　→　太郎が下に下がる

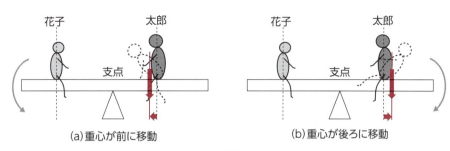

図36

太郎の重心はおへその辺りにあります。例えば（a）では、太郎が前に傾くことで、おへその位置が支点側に移り、その結果、支点と太郎（の重心）との距離が短くなったのです。このことからも、てこのつり合いの式に登場する「支点からおもりまでの距離」とは、おもりの重心までの距離であったことがわかります。図37は、重心の位置を体感できるように開発した教材です。

図37

アルキメデスの考えたてこのつり合い

てこのつり合いの式における「腕を傾けるはたらき」は、力のモーメントとして高等学校で再登場します。てこのつり合いについて、最初におもりの重さと支点からの距離に着目したのは紀元前300年代に活躍したアルキメデスだといわれています。図38には、「我に支点を与えよ。されば地球をも動かしてみせよう」と豪語したアルキメデスが象徴的に描かれています。

では、アルキメデスは、力のモーメントという発想をどのようにして獲得したのでしょうか。それとも、別のアイデアで、てこのつり合いという考えに達したのでしょうか。ここでは、アルキメデス自身の考えた「てこのつり合いのシナリオ」を紹介します。

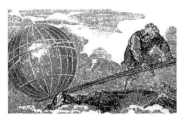

図38
<出典>著者不明、パブリック・ドメイン、https://commons.wikimedia.org/wiki/File:Archimedes_lever.png

まずは、生徒とアルキメデスとの会話（仮想的な会話）から始めましょう。

生徒 てこのつり合いって、力のモーメントが腕の左右でつり合うんですよね。

アルキメデス 力のモーメントとは何か？

生徒 おもりの重さ〔N〕と支点からの腕の距離〔m〕との積ですよ。ご存知でない？

アルキメデス 「重さ」と「長さ」との積だって？　そんなものイメージすらできない。

生徒 では、どうやってつり合いの式を導かれたのですか？

アルキメデス 簡単じゃ。2つの自明な原理から出発したんじゃ。

アルキメデスの考えたつり合いのシナリオは、次の2つの自明な原理から出発します。その原理とは

原理1 支点から等距離にある等しい重さのおもりはつり合う。

原理2 支点から異なる距離にある等しい重さのおもりはつり合わず、遠いところにある方が下に下がる。

というものです（図39）。

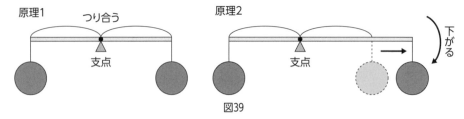

図39

原理1は**基本的つり合いの条件**といい、「支点の左右の距離が同じならば、つり合わないはずがない」というものです。この自明の原理を駆使して、小学校理科で登場する「てこのつり合いの規則」を導いていったのです。以下の手順①～③のどこで、この原理1（基本的つり合いの条件）を使ったのかを探してみてはどうでしょうか。

① 支点からの距離が L のところに、左右とも重さ M のおもりをつるす。

② 一方の腕（ここでは右腕）のおもりを二等分し、それぞれ距離 L だけ左右に移動さ

せる。

③ 右側の腕には、重さ $\frac{M}{2}$ のおもりが支点からの距離が $2L$ のところにあり、腕の左右のつり合いは保たれている。

この手順の結果、図40のように、右腕のおもりは支点からの距離が2倍の $2L$ のところに、重さが元の半分の $\frac{M}{2}$ がぶら下がることになります。すなわち、手順①〜③を通して、

$$\boxed{腕の左}:Mg \times L = \frac{Mg}{2} \times 2L:\boxed{腕の右}$$

というつり合いの式が成り立っています。この手順を順次繰り返すことで、てこがつり合いを保つためには、「支点からの距離とおもりの重さとが反比例の関係にある」ことが確かめられるのです。さらに図40で、右腕の変化前後の重心に着目すると、その位置が変わっていないことがわかります。これが、アルキメデスの着眼点でした。右腕のおもりをその重心の位置が変わらないように変化させることで、てこのつり合いは保たれるのです。

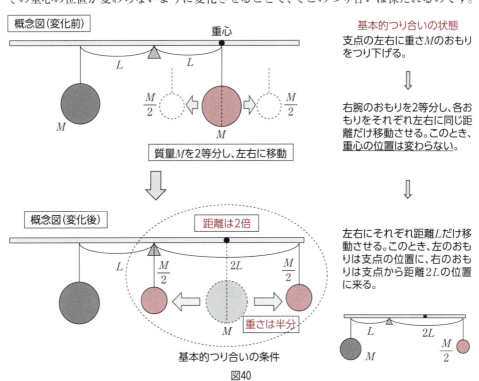

図40

アルキメデスは、2つの自明な原理から、てこのつり合いの関係（おもりの重さと支点からの距離の関係）を導いたのですが、アルキメデスのような人物がなぜ、小学校理科で学ぶような、いわば初等的な「おもりの重さ×支点からの距離」という掛け算に気づかなかったのでしょうか。ここには、アルキメデスの生きた時代、特にギリシャ数学の限界が息づいています。長さと長さの積（→ 面積）というように同種の物理量の積を取ることには抵抗はありませんでしたし、またそれが面積を表すことも容易に理解できました。しかし、片や「力」、片や「距離」というような異なった物理量の積を取ることは許されず、ましてや力と長さの積から、力とも距離とも違う新しい物理量を生み出すことなんて思いもよらなかったのです。

~運動、変形すべての原因としての力~

第三章

力の発見

3

第3章 力の発見―運動、変形すべての原因としての力―

01 力とは何か：力を決める3つのポイント

　第1章や第2章で扱った振り子の運動やてこのはたらきでは、おもりやてこに作用する力が決定的な役割を果たしました。おもりやてこに力がはたらくからこそ、振り子の規則的な運動が生まれ、てこという便利な道具が意味を持つのです。物体の運動やつり合いを調べるには物体にはたらく力を発見し、その性質や特徴を調べることが欠かせません。力そのものの性質については中学校理科で学びます。さらに中学校理科では、力の具体例として「弾性力」や「摩擦力」、「重力」、「磁力」や「電気の力」、「浮力」や「水圧」などが登場します。

　これら様々な力に共通する性質や特徴とは何でしょうか。また、力がはたらいたかどうかはどのようにして見つければ（見分ければ）よいのでしょうか。中学校理科では、力がはたらいた結果に着目します。物体に力がはたらくと、以下のようになります。

> ① 物体の形を変える　　【変形の原因としての力】
> ② 物体の動きを変える　【運動の変化の原因としての力】
> ③ 物体を持ち上げたり、支えたりする　【つり合いの原因としての力】

　このように、力がはたらくことで「ものが変形したり、運動の様子が変わったり」するので、状態や動作の変化の原因として力をとらえることになります。ばねの振動や、放り投げられたボールの運動など、複雑そうに見える運動も、物体にはたらく力（運動の原因としての力）を正しく見極めることができれば、その後の運動の様子は予測することができるのです。

　「力なんて簡単に見つかるさ」と思いがちなのですが、言うが易し・行うは難しです。次の例題は2023年度大学入学共通テストとして出題されたものです。この例題を通して、力について考えることの大切さ、また有用さについてみてみることにしましょう。

> **例題1　大学入試問題：力を見極める問題**
> （2023年度大学入学共通テスト／物理基礎第1問（問1））
>
> 図1のように、なめらかな水平面上に箱A、B、Cが接触して置かれている。箱Aを水平右向きで押し続けたところ、箱A、B、Cは離れることなく、右向きに一定の加速度で運動を続けた。このとき、箱Aから箱Bにはたらく力を f_1、箱Cから箱Bにはたらく力を f_2 とする。力 f_1 と f_2 の大きさの関係についての説明として最も適当なものを、次の①～④のうちから一つ選べ。ただし、図中の矢印は力の向きのみを表している。
>
>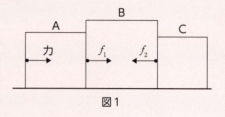
> 図1
>
> ① f_1 の大きさは、f_2 の大きさよりも小さい。　② f_1 の大きさは、f_2 の大きさよりも大きい。
> ③ f_1 と f_2 の大きさは等しい。　④ f_1 の大きさは、最初は f_2 の大きさよりも小さいが、しだいに大きくなり f_2 の大きさと等しくなる。
>
> 正解▶　②

例題のねらい 現象を正しくとらえ、誤りの原因を探る

「なめらかで水平な床に3つの箱を離れないように置き、一番左にある箱Aを右向きに押したところ、離れずに3つとも動き出した（加速度運動した）」という出来事は、なにも珍しいことではありませんね、よく経験することです。この当たり前の現象を、どのような力がはたらいて起こったのかという、力に着目して考えようというのです。そこで、真ん中の箱Bにはたらく力についてですが、まずは図示してみてください。

図2には、物体Bにはたらく<u>すべての力</u>が示してあります。

　　　鉛直方向（物体Bの運動とは直接関係しない力）：**重力、垂直抗力**
　　　水平方向（物体Bの運動に関わる力）：f_1とf_2

ここで、f_1、f_2とは、それぞれ「物体Aから右向きに押される力」、「物体Cから左向きに押される力」であり、この大小関係が問われています。

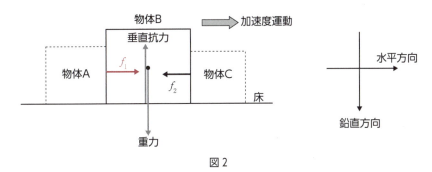

図2

物体Bにはたらく4つの力のうち、物体Bを動かす方向（右方向）に関係する力は、当然、右向きに物体Bを押す力f_1ですね。f_2も運動の方向を向いていますが、その向きは運動の向きとは逆なので、物体Bを止めようとします。

　　　　　　　　f_1は物体Bを加速させ、f_2は物体Bを減速させようとする

このように、2つの力のはたらきは、真逆なことがわかります。問題文に引いた下線部分「物体Bは右向きに加速され続ける」ことから、f_1とf_2の大小関係は$f_1 > f_2$となります。上下方向（鉛直方向）にも、重力や垂直抗力（机の抵抗力）という力がはたらいていますが、物体Bは上下方向には静止しているので、重力と垂直抗力はつり合っています。

以上の説明をみて、「何をわかり切ったことを長々と説明しているのだろう。物体Bは右に加速しているのだから、$f_1 > f_2$に決まっているじゃないか。これ以外考えられない」という感想を持った人と、「いや、間違ってしまった。2つの力は同じ大きさだと思った」という人とに大きく分かれたのではないでしょうか。この問題も、問い方をやさしくすれば、小学生の多くは正しく答えてくれます。高校生が間違った問題を小学生がスラスラ解いてしまう。実は、物理を学べば学ぶほど「f_1とf_2は同じ大きさだ」と答える傾向にあるのです。なぜでしょうか。しっかりと勉強したはずなのに高校生はなぜ間違ってしまったのでしょうか。以下、その原因を探ることにします。

力のはたらきや力の性質については中学校で学びますが、2つの力が物体にはたらいたときの「力のつり合い（中学1年生）」と「作用・反作用の法則（中学3年生）」が登場します。教科書

から、この2つの説明のポイント部分を抜き出してみましょう。

【力のつり合いの関係】
① 2つの力は、**大きさが等しい**。
② 2つの力は、**一直線上にある**。
③ 2つの力は、**向きが反対である**。

【作用と反作用の関係】
① 2つの力は、**大きさが等しい**。
② 2つの力は、**一直線上にある**。
③ 2つの力は、**向きが反対である**。

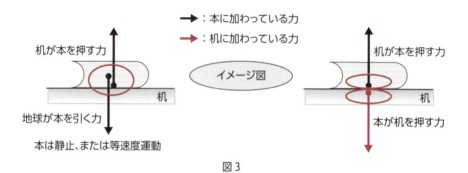

図3

　いかがでしょう。説明文を見る限りでは、2つの力がつり合っているときの力の性質と作用反作用の関係にある2つの力の性質はまったく同じです。力がつり合っているときは、本と机は静止しているか、または本と机が力を及ぼし合いながら等速度運動しているかのどちらかです。2つの力がはたらいても、机の上の本が机にめり込んで（加速度運動）しまっては、この2つの力はつり合っているとはいえません。他方、作用反作用の関係にある力は、本と机が静止していようが、加速度運動していようが、お互い接触してさえいればいつでも成り立ちます。では、これら2つの違いはどこにあるのでしょう。スカッと見分ける方法はないのでしょうか。

　図3のイメージ図からも明らかなように、

力のつり合いにある2つの力：ともに本（**1つの物体**）にはたらいている
作用反作用の関係にある力　：本と机（**2つの物体**）にはたらいている

という、力のかかり方に違いがあるのです。

　このように、力のつり合いと作用反作用で、力のかかり方の違いと、力がはたらいた結果、物体の運動状態がどのようになっているかが明確になっていないと、例題1のf_1とf_2の2つの力がつり合いの関係にあるのか、それとも作用反作用の関係にあるのかがわからず、迷ってしまうのです。ここに誤りの原因の一端があります。

　「f_1は物体Aが物体Bを押す力、f_2は物体Cが物体Bを押す力、ともに物体B（1つの物体）にはたらく力だから、つり合いの関係にある」
なんて早合点してしまい、f_1とf_2は同じ大きさだと答えてしまうのです。確かに、f_1とf_2は物体Bという1つの物体にはたらいていますが、物体Bは静止していたり、また等速度運動したりしていません。問題文に書かれているように**加速度運動**しているのです。つり合いを考えるに

は、その前提が違うのです。

このことからも、これら2つの力はつり合いの関係にはないことがわかります。ましてや作用反作用の関係にもありません。このように、知識は判断したり決定を下す際のよりどころとなりますが、その知識がどのような前提で成り立つのかという全体像までをも把握しておく必要があります。

例題1を少し手直しして、図4のように「f_1とf_3やf_2とf_4はどのような関係か」と問われていれば、正答率はもっと上がっていたでしょう。これら2つの力は、物体の運動状態に関わらず、作用反作用の関係にありますから、答えは「$f_1 = f_3$」、「$f_2 = f_4$」となります。

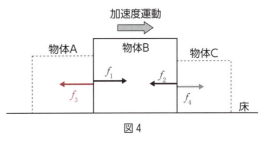

これまで、何気なく力を矢印で表してきましたが、次に、力の表し方について考えます。

力のかかり方を探る（その1：力はなぜ矢印で表されるのか）

第1章で「筋肉の膨らみは力を彷彿とさせるが、筋肉は物質であって力そのものではない」と指摘しました。力そのものは目には見えない（可視化できない）のです。では、どのようにして力を表せばよいのでしょうか。物体に力がはたらいたかどうかは、力を受けた物体が変形したり、また運動状態の変化の様子から察しがつきます。変形の度合いや、運動状態の変化の割合（加速度）が大きいほど、より大きな力がはたらいたことになります。

次の例題2では、物体にはたらく力の見つけ方、力の表し方について確認します。

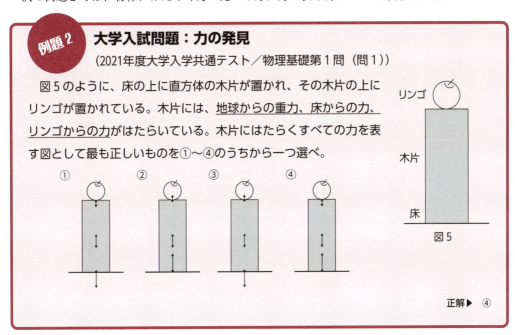

> **例題のねらい** 力の発見（つり合いの関係にある力）

力がはたらいたかどうかは、どのような種類の力であれ、次の3つが見極めのポイントでした。再度、示しておきましょう。

1. 物体の形を変える　【変形の原因としての力】
2. 物体の動きを変える　【運動の変化の原因としての力】
3. 物体を持ち上げたり、支えたりする　【つり合いの原因としての力】

例題2では、木片もリンゴも床も変形したり、動いたりしていないので、3.の「つり合いの原因」としての力がはたらいていることになります。木片にはたらく力とは、木片以外の他の物体（リンゴや床、地球）から木片が受ける力を指しています。問題文には、

a　地球からの重力（木片の<u>重心</u>に作用する下向きの力）
b　床からの力（床からの**垂直抗力**で、<u>床と木片との接点に作用する上向きの力</u>）
c　リンゴからの力（<u>リンゴと木片との接点で作用する下向きの力</u>）

とあります。力は、向きと大きさを持った物理量でベクトルの仲間です。同じ大きさの力であっても、向きが違えば物体に与える影響はまるで違ってきます。また、物体のどの部分に作用するかによっても変わります。このように、力を厳密にとらえようとすれば次の3点をおさえる必要があります。この力の3点を直感的に把握できるようにしたイメージが図6の**矢印**です。

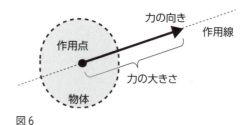

図6

木片にはたらく3つの力のうち、リンゴからの力、地球からの重力についてはわかりやすいですね。問題は、床からの力です。この力の向きは、例題2の選択肢①〜④を見ると

①と③のパターン：力の向きが下向き
②と④のパターン：力の向きが上向き

という2つのパターンに分かれます。例えば、木片の代わりにあなたが剣山（針の山）の上に立ったとしたらどう感じるでしょうか（図7）。きっと激痛が走るのではないでしょうか。針の山があなたの素足を突き刺しているからこそ感じる痛みです。このときの力の向きはと問われれば、躊躇（ちゅうちょ）なく上向きだと答えますね。では、力の大きさはどうでしょう。この場合も、重い荷物をもって剣山の上に素足で立てば、その荷物の重さの分だけ足の裏にかかる痛みは増します。すなわち、

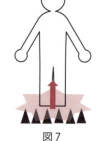

図7

> 床からの力の大きさ ＝ 地球からの重力の大きさ ＋ リンゴからの力の大きさ

という関係が成り立っています。この力の関係を見てハッと気づくことがあります。そうです！

つり合いの関係です。木片にはたらく3つの力がつり合っているからこそ、リンゴを乗せた木片が床の上でじっとしているのです。正解は④となります。たとえ、選択肢が与えられていなくても、力の3要素に配慮しつつ矢印でもって作図できるようにしておきたいものです。

力のかかり方を探る（その2：力を見つけ出す方法）

図8（a）は握力計で、握力の大きさを測る装置です。握力計以外にも、背筋力を測定する装置など、いずれもばねに力を加えたとき、加えた力の大きさに比例してばねが伸びるというばねの性質を利用したものです。読者の中には、図8（b）のような装置を使って、おもりにはたらく重力を測定した人もいるのではないでしょうか。

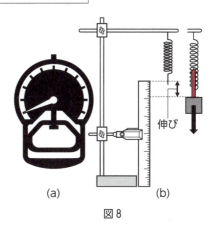

図8

この測定では、おもりにはたらく下向きの重力とばねの伸びに比例した上向きの弾性力（ばねの力）とがつり合っておもりは静止しています。ばねを用いた力の測定器は力のつり合いが利用されているのです。

物体にはたらく力のつり合い

重い物体 → 大きな重力 ↓（下向き）→ 大きなばねの力 ↑（上向き）→ ばねの大きな伸び

では、次の2つの例題にチャレンジしましょう。一つは握力計などに使われているばねの性質に関する問題です。そして、もう一つは運動物体にはたらく力についてです。第5章は、この運動状態を変える力のはたらきがテーマになります。

例題3　大学入試問題：ばねにはたらく力
（2015年度大学入試センター試験／物理基礎第3問（問1））

図9のように、ばね定数 k、自然の長さ ℓ のばねの両端を引いたところ、自然の長さからの伸びが x になり、両端に加えた力の大きさは F になった。伸び x を表す式として正しいものを、次の①〜⑥のうちから一つ選べ。

図9

① $\dfrac{F}{2k}$ ② $\dfrac{F}{k}$ ③ $\dfrac{2F}{k}$ ④ $\dfrac{kF}{2}$ ⑤ kF ⑥ $2kF$

正解▶ ②

例題のねらい　なぜ難しく感じるのか　力は人が加えるものとは限らない

この例題を初めて目にしたとき、もしあなたが小学生ならば、二重の意味で難しく感じたのではないでしょうか。最初に、表現ですね。初学者にとって、ばね定数kや自然の長さ（自然長）ℓ、伸びx、加えた力F、特にkやxなどの記号が出てくると、とたんに難しく感じてしまいます。

そして、もう一つの難しさは、図9のように「ばねの両端に力を加えてばねを引っ張る」という力の加え方と、例えば図10のように天井にばねをぶら下げて、「ばねの下端だけに力を加えて引っ張る」という力の入れ方とが同じかどうかの見極めです。

図10

最初の表現の難しさですが、力Fなどという記号を用いずに、例えば「重さ20gのおもりをつり下げれば」という具体的な問いかけにすることで小学生にとってもイメージしやすくなります。

2つ目の難しさについては、例題3の解きほぐしで考えましょう。小学校6年生の児童がチャレンジする問題です。

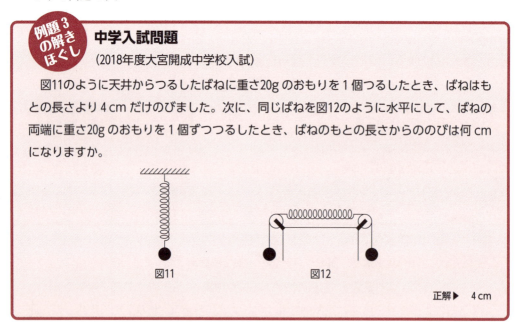

例題3の解きほぐし　中学入試問題
（2018年度大宮開成中学校入試）

図11のように天井からつるしたばねに重さ20gのおもりを1個つるしたとき、ばねはもとの長さより4cmだけのびました。次に、同じばねを図12のように水平にして、ばねの両端に重さ20gのおもりを1個ずつつるしたとき、ばねのもとの長さからののびは何cmになりますか。

図11　図12

正解▶　4cm

解きほぐしらしく、表現の丁寧さや設定の具体化によって、よりイメージしやすくなったのではないでしょうか。こうしてみると、記号の有無の違いはありますが、大学入試問題と小学校6年生が受験する中学入試問題とが同じ内容だとわかりますね。

図13の（a）〜（c）で、赤で◯をつけた場所に注目します。同じ大きさの力を加えるのですが、（a）は手でばねを引く、（b）はおもりを介してばねを引く、そして（c）は天井にばねを固定しています。（a）と（b）はともに、手やおもりでばねに力を加えている（ばねの伸びは同じ）、このことはただちに納得できますが、（c）となると天井がばねを引っ張るというイメージがわかないのです。しかし、（a）〜（c）で共通しているのは、ばねが静止しているという事実です。ばねの両端に2つの力がはたらき、その結果、ばねは静止しているのですから、これらの

2力はつり合わなければなりません。ばねがいくら伸びたかという「ばねの状態」からばねにはたらいた力をイメージするのですね。このことがしっかりと理解、そして把握できていれば、ばねの伸びが同じなら「(c)にも (a) や (b) と同じ大きさの力がはたらいている」という確信が得られるはずです。なお、以上の話は、ばねは非常に軽く、ばねにはたらく重力は無視できるという仮定のもとで成り立ちます。

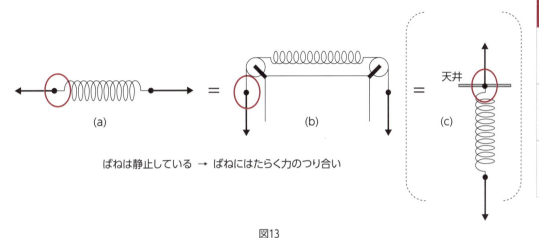

図13

理科の基礎知識　ばね定数

ばね定数とは、ばねの何を表しているのでしょうか。

ばね定数〔N/m〕：ばねを1〔m〕伸ばすのに必要な力〔N〕

このように、ばねの強弱を表す物理量がばね定数です。ばね定数が大きいばねほど、強いばねなのです。

例えば、図14で、ばねを2cm引きのばすのに10Nかかったとしましょう。このときのばね定数 k は

$$k\,〔\text{N/m}〕 = \frac{10\,\text{N}}{0.02\,\text{m}} = 500\text{N/m} \quad \text{または、} \quad 5\,\text{N/cm}$$

となります。

図15には、ばねAとばねBの2つのばねについて、ばねの伸びに対するばねの力が示されています。上の式の形から、ばね定数はグラフの傾きに対応しています。ばねAの方がばねBよりもグラフの傾きが大きいので、ばねAの方がばねBよりもばね定数が大きいことになります。同じ長さだけばねを伸ばすのに、ばねAの方がばねBより大きな力が必要なのです。ばね定数はばねを伸ばすだけでなく、力を加えてばねを縮ませる場合にもまったく同様に成り立ちます。

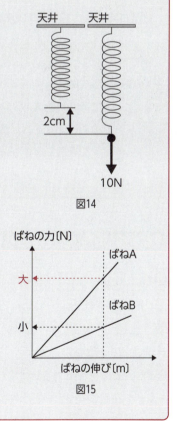

図14

図15

02 運動の変化の原因としての力の発見：運動の変化の陰に力あり

力のはたらきの一つに、「2．物体の動きを変える」がありました。ここでは、運動の変化の原因としての力について考えてみましょう。物体は、自ら、その運動状態を変えようとはしません。現状維持、これが物体の運動に対する性質です。運動している物体に力がはたらくと、それまでの運動とは違った運動をします。力によって、物体はどんな運動を余儀なくされるのでしょうか。

例題4　大学入試問題：運動状態を変える力のはたらき
（2022年度大学入学共通テスト／物理基礎第1問（問2）、一部改変）

図16（a）のように、質量 m のおもりに糸を付けて手でつるした。時刻 $t=0$ でおもりは静止していた。おもりが糸から受ける力を F とする。鉛直上向きを正として、F が図16（b）のように時間変化したとき、おもりはどのような運動をするか。$0<t<t_1$ の区間1、$t_1<t<t_2$ の区間2、$t_2<t$ の区間3において、運動の様子はどのように表されるか。次の①〜④のうちからそれぞれ一つずつ選べ。ただし、重力加速度の大きさを g とし、空気の抵抗は無視できるものとする。

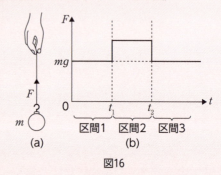

図16

① 静止している。
② 一定の速さで鉛直方向に上昇している。
③ 一定の加速度で速さが増加しながら鉛直方向に上昇している。
④ 一定の加速度で速さが減少しながら鉛直方向に上昇している。

正解▶　区間1 ①、区間2 ③、区間3 ②

例題のねらい　なぜ難しく感じるのか　力と運動とが結びつかない

手でおもりを支えているのですが、図17に示したように、おもりには2つの力がはたらいています。重力とおもりが糸から受ける力 F です。おもりの質量を m とすると、おもりにはたらく重力は mg と表せます。単位をつけるのなら F〔N〕、m〔kg〕、mg〔N〕です。記号 g は重力加速度ですが、ここでは質量1kgの物体にはたらく地球の重力〔N/kg〕と考えるとよいでしょう。

糸がおもりを引く力 F が時間とともに変化しているところが、この例題の難しくてユニークなところです。力の時間変化を示す図16（b）から力 F がどのように変化しているかを読み取ることさえできれば、解答のゴールまで一直線です。

図17

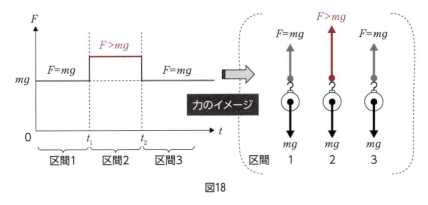
図18

図18のようにグラフを見ることができれば、おもりにはたらいている力のイメージが浮かんできます。それは、言葉にすれば、次のようなイメージではないでしょうか。

「区間1や3では、おもりにはたらく重力と、糸がおもりを引く力とがつり合っていて、区間1ではおもりは静止のまま、区間3ではおもりは一定の速さで上昇する。区間2では、そのつり合いが破れ、糸がおもりを引く力の方が大きくなり、おもりはその力の向きにどんどん速さが増す」。

区間1も区間3も、おもりにはたらいている2つの力はつり合っているのに、区間1では静止、区間3ではおもりは静止ではなく等速度運動します。なぜ、運動の様子が区間1と区間3で違っているのでしょうか。このことは、図19を用いて考えるとわかりやすいです。図中の矢印の長さは速さを表しています。

区間2では、手で引く力の方が大きくなり、おもりは徐々に加速していきます。区間3では手で引く力が重力とつり合うので加速は止まります。区間2の最後の速さのまま、一定の速さでおもりは上昇することになります。したがって、区間1と3では、おもりにはたらく力はつり合いますが、おもりの動きは区間1では静止、区間3では一定の速さでの動きになるのです。静止と等速度運動、見かけは異なっていても、両者とも「加速されない」という点では同じですね。

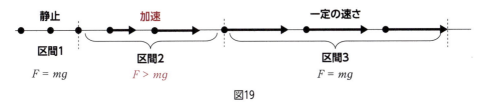
図19

このように、力がはたらくことで変化する運動の状態とは

【区間1と3】静止や等速度運動の状態　→　【区間2】速さが増加する状態
　　　　　（加速されない状態）　　　　　　　　　　（加速される状態）

を指していたのです。力を主語にすると、力とは速度の変化（加速や減速）を与える原因であったということです。

このような現象は私たちの身のまわりにはあふれています。例えば、車の動きが急に速くなったとき、「アクセルを踏んだな（→力を入れた）」とわかります。たとえ運転手の足もとが見えなくても、車の動きからアクセルを踏んだかどうか（力が入ったかどうか）はわかるのですね。運

動状態の変化（加速したかどうか）と、それを引き起こした原因としての力とは密接に結びついているのです。

力を運動の変化を引き起こす原因だとする見方は、今では中学校や高校で学習する、いわば理科の常識です。しかし、このような理解に達するまでには、ガリレイやニュートンをはじめ多くの人々の努力と長い年月を要したのです。

理科特有のものの見方に慣れるためにも、科学の歴史（ものの見方の変遷過程）を知ることは大切なことです。

放り投げたボールの軌跡から

図20は、ボールを斜め上方に放り投げたときの、ボールの描く軌跡を表しています。「ボールはだんだん遅くなり、やがて頂上に達し、そしてUターンして地上にもどってくる」、そう、放物線です。日常よく目にする光景で、なぜ、ボールがこのような軌跡をたどるかなんて気にする人はいないといってよいでしょう。

しかし、もし、小学生が、このボールの軌跡として図21の（a）や（b）のような絵を描いていて、あなたが「間違ってるよ。この軌跡はね……」と話しかけたとき、「どうして、ダメなの？」と聞かれたとしたら、なんて答えればよいのでしょう。「そうだよね～」と逆に考え込んでしまうかもしれません。「それはね、地球には重力という……」と言いかけて、「一体、いつ、誰が、きちんとした答えを見つけたんだろう」、そして「そのような答えに、多くの人は納得したのだろうか」とさらに考え込んでしまうのです。次の啓介と美佳の会話の最後の空欄にも、また、そんな言葉が入るのかもしれません。

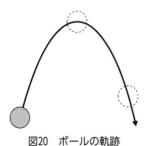

図20　ボールの軌跡　　　　図21　小学生が描いたボールの軌跡

啓介と美佳の疑問

> 啓介：　野球を観戦していたとき、小さな子どもが飛んでくるボールに向かって、「頑張れ、頑張れ」って叫んでいた。もう少しでホームランだったので、思わず叫んだんだろうね。思わず、僕も、ボールに向かって「頑張れ」って言っちゃった。
> 美佳：　運動エネルギーや運動量のように、力ってボール内部に保存されないのかしら。

啓介： そうなんだ。選手がバットでボールをかっ飛ばしたとき、その衝撃がボールの中に刻み込まれる。ボールは、その蓄えた衝撃を消費しながら飛び続けるといったイメージだよね。だから、「ボールさん、もう少し頑張れ」ってなるんだよね。

美佳： 運動の変化はボール自身、でもその変化の原因はボール以外から与えられるのよね。うまく切り分けているけど……でも　　　　　　　　　　。

啓介と美佳の疑問に答えよう〜長い葛藤の末にたどり着いたアイデア〜

　力がはたらくことで、物体が変形したり、また物体がその動きを変えたりする。このように、状態や動作の変化の原因として力をとらえる、これが私たちの得た力に対する考えです。しかし、この発想もまた、「長い葛藤の末にたどり着いたアイデア」であったのです。ここでは、啓介と美佳の感じた疑問を、次の2つの「疑問」に答える形で説明することにします。

・なぜ、投げられたボールは飛び続けることができるのだろうか。
・飛び続けるのはボールの意思か、それともボール以外のはたらきか。

● **空気がボールを背後から押すのではないか**

　まずは、「なぜ、投げられたボールは飛び続けられるのか」についてです。この疑問は「物体に力がはたらかなくても、なぜ物体は動き続けることができるのか」や「静止と等速度運動はなぜ同じなのか」と言い換えてもよいでしょう。

　ものの動きに対する理にかなった説明は、古代ギリシャのアリストテレス（B.C.384〜 B.C.322）によって与えられました。アリストテレスは、ものの運動を自然運動（力を加えなくても起こる運動）と強制運動とに分け、天体の運動や落下運動は自然運動、放物運動などは**強制運動**に分類したのです。

　自然運動以外は、すべて力を加えなければ止まってしまう。たとえ等速度運動でも、運動の方向には、必ず力がはたらいていると考えたのです。このイメージは、私たちの日々の経験とぴったり一致しています。しかし、例えば、啓介と美佳の会話でも話題になった放物運動では、空中を飛んでいるボールを誰が後ろから押しているというのでしょう。ここにアリストテレスの弱点があったのです。アリストテレスの考えを図22を用いて説明しましょう。

① （放り投げた）ボールが少し前（右方向）へ移動すると、ボールが元あった場所が空（真空）になる（同図 (a)）。
② すると、ボールの前方の空気がボールの後ろの空（真空）の場所に回り込む（同図 (b)）。
③ 空気が回り込むときの勢いでボールは前に押される（同図 (c)）。
　要は「空気がボールを後ろから押しているので、ボールは前に進

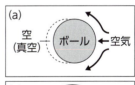
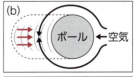
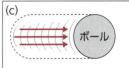

図22

む」というのです。空気より密度の大きい水中でボールを放り投げたとしたら、アリストテレスの説明を借りれば、後ろから押される力は空気より大きいので、ボールは空気中よりも大きな力で後ろから押され、水中での速さは空気中よりも速くなることになります。このような説明では、今では小学生も納得しませんね。

● ボールには力が刻み込まれるのではないか

　アリストテレスの矛盾に挑んだのは、ギリシャのフィロポノス（5世紀末〜6世紀後半）です。フィロポノスは、真空中での運動を考えます。真空中では、ボールの後ろに回り込んでボールを後押しする空気はありません。では、何がボールを押しているのか。フィロポノスは、次のような**刻み込まれた力**を考えました。

① ボールが手から離れるとき、ボールには「手の力」が刻み込まれ、その力がボールを内部から押している。

② この力は、運動とともに消費され、なくなった時点で運動は終わり、ボールは静止する。

　運動が持続する原因を物体自体（物体の内部）に求めたという点では、アリストテレスの考えを一歩前進させました。しかし、力がなくなった時点でボールは静止するという点では、アリストテレスと同じです。私たちもややもすると、静止とは力がはたらいていない状態、運動とは、たとえ等速度運動であっても力がはたらいていると考えがちですね。

● ボールにはインペトス（駆動力）が与えられるのではないか

　フィロポノスの力が物体内部に込められるという発想は、時を経て、14世紀、パリ大学の総長であったビュリダンによって、さらに推し進められます。ビュリダンは、ボールを投げた際に、**インペトス**と名づけた**駆動力**がボールに与えられるとします。しかも、木材よりも鉄球の方が、より速く、また遠くに飛ぶという事実から、

　・インペトスは、速さと質量に比例する

　・インペトスは、抵抗に出合わなければ持続する（保存される）

と考えたのです。速さ（v）と質量（m）に比例するとは、もしインペトスを mv と表現すれば、第6章で扱う運動量と同じです。さらにまた、「外部からの抵抗がなければ、運動は持続する」は第5章で扱う慣性の法則に肉迫するものでした。それでも、インペトスがなくなれば物体は静止するという点では、フィロポノス同様、静止と運動とは別物というしがらみからは抜け出すことはできなかったのです。

● そして慣性の法則へ

　ちなみに、静止と等速度運動とが、ともに力がはたらいていない状態だとして慣性の法則に導くには、16世紀のガリレイまで待たなくてはなりません。慣性の法則は、中学3年生で登場します。その内容は次のようなものです。

　　物体に力がはたらいていないか、たとえはたらいても合力が0のとき（つり合っているとき）、<u>静止している物体は静止し続け</u>、また運動している物体は<u>等速直線運動（等速度運動）を続ける</u>。

ガリレイは、巧妙な思考実験を通して、この物体の性質に気づいたのです。静止と等速度運動をともに力がはたらいていない状態として一つに結びつけたガリレイ。でも、その彼が見つけたものは「等速度運動を続ければ、地球をぐるっと一回りして元の位置にもどってくる」という、今では円慣性といわれるものでした（図23）。正しい慣性の法則はニュートンによって見出されます。

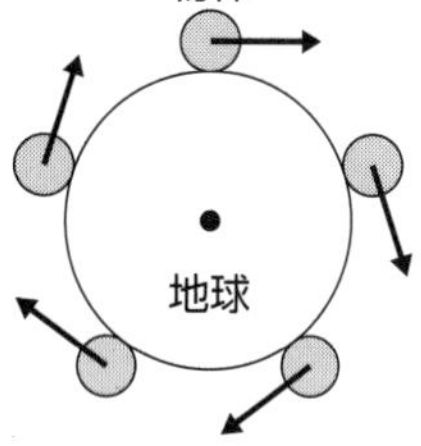

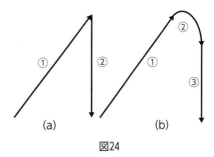
図23

● **小学生の発想に科学者の原点をみる　あなどれない小学生の発想**

放物運動の軌跡として、小学生の描いた2つの図をもう一度紹介しましょう（図24）。よく見ると、これらの図は、次のような運動からなっています。

(a) あるところ（頂上）まで真っすぐ行って（①）、そこからストンと真っすぐに落下する（②）。

(b) あるところまで真っすぐ行くのだけれど（①）、途中からカーブになって（②）、やがては真下に落下する（③）。

図24

2つとも実際の軌跡とは異なっていますが、実は、これらの絵には、アリストテレスやビュリダンによるインペトスの発想が見られるといったらどうお感じになるでしょうか。例えば（b）は、放物運動をインペトスの増減によって、次の3つの段階で説明することができます（図25）。

第1段階【直線運動】：物体に与えられたインペトス（駆動力）が物体の重さに勝っており、インペトスの与えられた方向に直線運動する。

第2段階【曲線運動】：与えられたインペトスが弱まると、重さによる新たなインペトスが物体に加わり、この2つのインペトスが合成された曲線を描く。

第3段階【直線運動】：最初のインペトスが消耗し、重さだけのインペトスになり、鉛直に落下する。

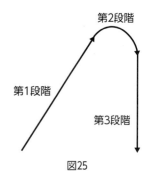
図25

特に、第2段階の曲線運動には、2つの直線運動の合成という新しい発想が見られます。この発想は、今日、放物運動を落下運動（鉛直方向）と等速度運動（水平方向）の重ね合わせとしてとらえることに継承されています。

私たちは「力がはたらいていなければ、物体は静止する」、「運動している物体には力がはたらいている」と、つい考えてしまいがちです。しかし、アリストテレスをはじめとした先駆者といわれる人々の、今日に至る力と運動の関わりからも明らかなように、「静止を速さ0の等速度運動ととらえることが難しい」、また「力の有無を静止と運動とで判断してしまう」ことは決して嘆くべき間違いではなく、正しい理解に向けての一度は経験すべき「正しい間違い」なのです。この正しい間違いを経験せずに、与えられた知識だけで満足してしまっているところに、「高校生にもなってこのような初歩的な間違いをする」という原因の一端があるのです。

さまざまな運動

～運動の表し方～

第四章

4

01 運動をグラフ化して分析する：時々刻々変化する運動の可視化

第3章では、物体に作用する力について、次の3点に着目しました。

> ① 物体の形を変える 【変形の原因としての力】
> ② 物体の動きを変える 【運動の変化の原因としての力】
> ③ 物体を持ち上げたり、支えたりする【つり合いの原因としての力】

続く第5章では、②の**運動の変化の原因としての力**に着目し、力と運動の関係について探っていきます。ところで物体の運動といっても、私たちのまわりには様々な運動（ものの動き）があります。「ボールの放物線を描く動き」、「バスの止まったり加速したりという不規則な動き」、「振り子の時を刻む動き」、「惑星の運動」等々、どれもが時間とともにその場所（位置）を変えているのですが、これらの動きをきちんと把握してこそ、運動を支配している力の性質や特徴が見えてきます。そこで本章では、まずこの**運動の表し方**について学ぶことにします。

運動の中で最もシンプルなものが、等速直線運動です。高速道路のような真っすぐな道を、時速100 kmで終始走り続ける車をイメージすることができます。ではここで、改めて「時速100 kmとは、どのような走り方ですか？」と聞かれたらどのように答えればよいでしょう。「車のスピードメーターを見ればいいさ」と答えたのでは、スピードメーターにない数値、たとえば「時速300 kmはどんな走り方？」という問いにはもう対応できませんね。

ところで、速さを聞かれているのに、なぜ100 kmや300 kmのように100や300という数字の後ろにキロメートル（km）という距離を表す単位がついているのでしょうか。実は、速さとは距離のことなのです。それも1時間で走れる距離のことを**時速**と呼んでいます。「今から1時間後（**時間**）には、ここから100 km離れたところ（**距離**）にいる、そんな走り方」のことを、縮めて**時速100 km**と言い表しているのです。運動を把握するとは、「○○時間後には、車はどこどこにいる」というように、任意時間後の物体の位置を正しく予測できることを指しています。この時間と距離の関係を正しくとらえることが、すなわち速さを求めることに他ならないのです。

記録タイマーによる運動のグラフ化

では、例題1を通して、この時間と距離の関係についての扱いにチャレンジしましょう。例題1には**記録タイマー**という便利な装置が登場します。皆さんの中には図1を見て「ああ、あれね！」という人もいれば、「どんなしくみだったかな」、「なんだか、ややこしかったよね」という人や、「いや、記憶にない」という人もいるかもしれません。

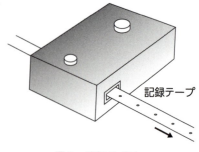

図1　記録タイマー

大学入試問題：台車の運動を可視化する
（2021年度大学入学共通テスト／物理基礎第3問、一部改変）

水平な実験台の上で、台車の<u>加速度運動</u>を調べる実験を、<u>2通りの方法</u>で行った。

まず、<u>記録タイマー</u>を使った方法では、図2のように、台車に記録タイマーに通した<u>記録テープ</u>を取りつけ、軽くてなめらかに回転できる滑車を通しておもりをつり下げた。このおもりを落下させ、台車を<u>加速させた</u>。ただし、記録テープも記録タイマーも台車の運動には影響しないものとする。

図2

図3のように、得られた記録テープの上に定規を重ねて置いた。この記録タイマーは<u>毎秒60回打点する</u>。記録テープには<u>6打点ごと</u>の点の位置に線が引いてある。

問1 図3の線Aから線Bまでの<u>台車の平均の速さ</u>はいくらか。

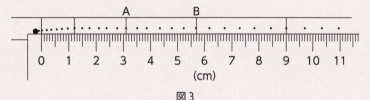

図3

問2 測定結果をもとに、6打点ごとに印をつけたそれぞれの区間の平均の速さ v を求め、時刻 t との関係をグラフに表すと、どのようなグラフになるか。

正解 ▶ 問1 26 cm/s、問2 省略

例題のねらい　記録タイマーの使い方、記録テープの読み取り、運動のグラフ化

　記録タイマーを使っての実験では、記録テープの処理を通して、見た目ではとらえきれなかった車の時々刻々変化する動きや、その規則性などを具体的に確かめることができます。運動の変化のようすを時間を追って見えるようにする装置が記録タイマーなのです。物の運動に対する興味や関心を一気に高めることのできる、中学校や高校でも必ずといってもよいほどに取りあげられる定番実験の一つが、この記録タイマーを使っての実験です。

　まずは、記録タイマー（図1）とはどのような装置で、記録タイマーによって打ち出された記録テープ上の打点（図3）から何が読み取れるのかについて考えましょう。

実験の要領としては、
① 図2のように、記録テープを記録タイマーに通し、その端を台車に貼りつけます。
② タイマーのスイッチオンと同時に台車から静かに手を離すと、「ビー」という鈍い音とともに、記録テープには図3のような黒くて小さな点がいくつも打ち出され、
③ この点の並び（間隔）から、「一定の速さか、徐々に加速／減速しているかどうか」など台車の走るようすがわかるというしくみです。

ところで、この打点の数ですが、同じ記録タイマーを使っていても、東日本と西日本とでは流れる電流（交流）の周波数の違いから、

　　東日本では、1秒間に50回点を打つ　→　50個の打点の集まりで1秒間を表す
　　西日本では、1秒間に60回点を打つ　→　60個の打点の集まりで1秒間を表す

という違いがあります。例題1の場合、地域は西日本とわかりますね。

いずれにせよ、打点の数と、その間に台車が走った時間とが対応しているのです。したがって、例題1では、**毎秒60回打点することから、6打点ごとの所要時間は0.1秒に対応している**わけです。

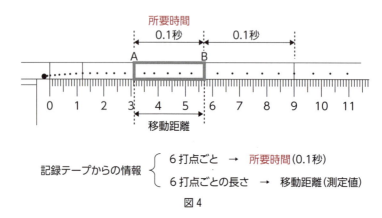

図4

このように、記録テープから、所要時間と移動距離（測定値）が読み取れることが、記録タイマーを用いた実験の最大の特徴といってよいでしょう。

では、この**記録テープから読み取れる台車の動き**とはどのようなものでしょうか。図5は、記録テープを6打点ごとに切り離し、左から順に貼りつけたものです。

① 最初の6打点の時間経過　　　：　0.1秒
② 次の6打点までの時間経過　　：　0.2秒
③ その次の6打点までの時間経過：　0.3秒
　　　　　　　　　　　　　　　⋮

6つの黒い点がついた記録テープが3枚貼られていれば、それは台車が動き出してから0.3秒間だけ時間が経過したことになります。

図5から問題のAB区間は、0.2秒〜0.3秒の0.1秒間に台車が走った距離だということがわかります。この間の台車の速さを求めてみましょう。問題文には**平均の速さ**という用語が使われています。この平均の速さに対して**瞬間の速さ**という用語もありますが、これらの用語は天気予報でよく耳にする言葉ですね。

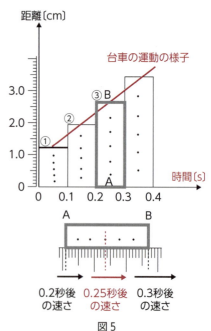

図5

台車の運動は、図5からも、その速さが一定の割合で増えていっていることがわかります。したがってAB区間の速さといっても、A点での瞬間の速さとB点での瞬間の速さとでは、0.1秒間に加速した分だけB点での瞬間の速さの方が速くなっています。しかし、A点やB点の速さ（瞬間の速さ）がどうであれ、台車は0.2秒から0.3秒の間に2.6 cm（＝5.7 cm － 3.1 cm）だけ移動したのですから、その間の速さは

$$\bar{v} = \frac{2.6\,[\text{cm}]}{0.1\,[\text{s}]} = 26\,[\text{cm}/\text{s}] \quad \bar{v}\text{は平均の速さを表す記号}$$

だとわかります。速さ（秒速）とは、「1秒間あたりに移動した距離」のことでしたから、台車はAB区間を0.1秒間に2.6 cm走っていますので、この調子で走り続ければ1秒間に26 cm走ることになります。この距離を表す26という数字に単位〔cm/s〕をつけた26 cm/sが、この間の平均の速さ（秒速）を表します。

　さらに、この平均の速さは、図5から

　　AB区間の平均の速さ ＝ 0.2秒後の瞬間の速さと0.3秒後の瞬間の速さの中間の速さ

といえます。すなわち、0.25秒後の瞬間の速さにもなっています。

　図5は、記録テープを6打点ごと（0.1秒ごと）に切って貼りつけたものですから、横軸は台車が走り出してからの経過時間、縦軸は0.1秒間に台車が走った距離になっています。ここで、縦軸の目盛りを記録テープの長さの10倍にとってみましょう。例えば、AB区間ですと

AB区間の長さ2.6 cm　**10倍にすると**→　26 cm

です。この10倍の値26 cmは、既にみたように、台車がAB区間を1秒間走ったとしたときの長さ、つまりはAB区間の平均の速さを表していました。しかも、この平均の速さは、0.2秒と0.3秒の中間の0.25秒後の台車の速さ（瞬間の速さ）に等しいとおいてもよかったのです。

　図6は、各区間の記録テープの長さを10倍して平均の速さをそれぞれ求め、さらに各区間の真ん中の瞬間の速さとして表したものです。

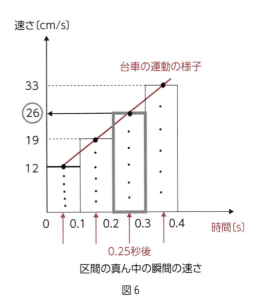

図6

0.1秒間ごとの区間	区間の真ん中の値
0.0秒～0.1秒	0.05秒
0.1秒～0.2秒	0.15秒
0.2秒～0.3秒	0.25秒
0.3秒～0.4秒	0.35秒
⋮	⋮

の**平均の速さ**を　　　の**瞬間の速さ**に置き換える

このような処理によって、図5の単純な記録テープを貼りつけたものから、**時々刻々変化する台車の速さ**を表す図6の**グラフ**へと描きあらためることができるのです。おもりに引かれて台車がどんな運動をするのかは、この***v-t*グラフ**をみれば一目瞭然ですね。

次の啓介と美佳の会話は、この記録テープから得た速さと時間のグラフ（***v-t*グラフ**）についてのものです。啓介や美佳の感じた疑問に少し耳を傾けてみましょう。

啓介と美佳の疑問

啓介： 図6を見ると、記録テープから求めた平均の速さ（各テープの真ん中の時刻での瞬間の速さ）が右上がりの直線になってる。これは、速さの増え方が一定ということなんだ。

美佳： 台車はおもりで引っ張られているから、グラフから台車の速さが徐々に速くなっていることが確かめられたことになるのね。

啓介： それはいいんだけど……図6のグラフは、台車の動きを正しく表しているんだろうか。

美佳： 記録テープの打点を読み取っているのだから……、なぜ正しくないと思うの？

啓介： だって、時刻0での台車の速さは0のはずだよ。でも、グラフではそうなっていない。また、点と点の間だって、ひょっとしたら直線とは限らないかもしれない。

美佳： このグラフだと0.1秒ごとの測定値だから、もっと細かく、例えば、0.05秒ごとの速さの変化を調べればいい。でも、どうやって調べればいいんだろう。台車の運動は、すべて記録テープの打点で表されているから、もう一度、テープを調べてみる必要があるわね。

啓介と美香の疑問に答えよう〜記録テープから台車の動きを再現する〜

● 記録テープの処理上の注意

啓介の指摘は鋭い。確かに、図6では記録テープの最初の区間（時間：0〜0.1秒）での平均の速さは12 cm/s（これは、0.05秒での台車の瞬間の速さ）で、グラフをさらに時刻0秒にまで延長すると、台車はすでに発車時刻である速さを持っていたことになります（図7）。記録タイマーのスイッチをオンにしたと同時に台車を静かに動かした（初速度が0）のに、なぜ*v-t*グラフの時刻0での台車の速さは0ではないのでしょうか。この原因を探るには、美佳のいう「テープを調べ直す」必要があります。記録テープには、台車の動きのすべてが記録されているからです。

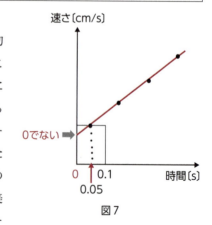

図7

ところで、記録テープ（図8）を見ると、赤丸で囲んだ最初の方の点は重なってしまっており、この

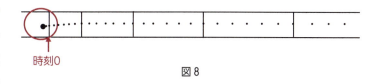

図8

部分は無視して明確にわかる点を時刻0としていることがわかります。つまり、図7の*v-t*グラフには台車が少し動き出した時刻から測定を開始したようすが再現されているのです。では、*v-t*グラフとして再現された直線は台車の動きとは無関係な、でたらめなものなのでしょうか。いいえ、記録テープに記録された点は、まさしく台車の動きを表したものです。これらの点を結んだ直線は、原点（時刻0）の位置がどうであれ、台車の規則正しい運動（等加速度運動）を表しています。

そこで、台車の動きを表した*v-t*グラフを用いて、台車の速さが0であった時刻を求めてみましょう。図9のように、記録テープから求めた台車の動きを表す実線を延長して、横軸とぶつかったところが台車の速さが0の時刻で、この時刻が台車の動き出した「本当の時刻0の位置」となります。つまりは、図8で無視せざるを得なかった点の並び（図8の赤丸で囲んだ点）は、いったい何秒間であったのかを推定できるわけですね。台車の速さが0の時刻を探し出し、その時刻を新たな原点として縦軸（台車の速さを表す軸）を設けたものが図9です。

このように考えると、記録テープに並んだ点で、どこを最初の点として測定するか（どの点を時刻0とするか）は、あまり神経質にならずとも、わかりやすい点をスタートと考えればよいことになります。台車の速さを表す縦軸は、台車の動きをはっきりさせてから後で決めればよいわけですから。

● **0.1秒間隔を0.05秒間隔で測定するにはどうすればよいか**

この美佳の疑問は、啓介の疑問が引き金になっています。再度、「台車の運動は、すべて記録テープの打点で表されている」という美佳の指摘にしたがって、0.1秒間隔から0.05秒間隔で台車の動きをとらえる方法を、記録

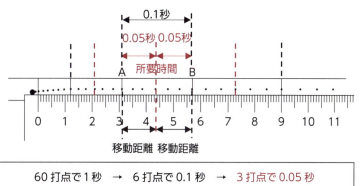

図10

テープの処理のしかたに求めてみましょう。

その方法とは、記録テープに表された点の数を見直すことです。図10を見れば一目瞭然です

ね。6打点で0.1秒でしたから、3打点ごとにテープを区切っていけば、その1区間の所要時間も0.1秒の半分の0.05秒になります。その後のテープの処理は6打点ごとに区切った場合と同じです。3打点（0.05秒）ごとの平均の速さを求めるには、読んだ記録テープの長さを20倍して求める点が要注意です。

図11は0.2秒から0.3秒のAB区間での「3打点ごとの v-t グラフ」を示したものです。3打点ごとの瞬間の速さ（0.225秒と0.275秒の点）の間隔も0.05秒になり、より細かく台車の動きをとらえることができます。なお、図中の真ん中の黒丸は6打点ごとの平均の速さ（0.25秒後の瞬間の速さ）で26 cm/sです。

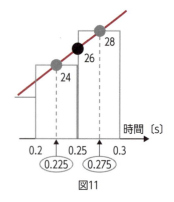

図11

スマホやタブレットの機能は現代版「記録タイマー」

例題1の冒頭には「台車の運動を2通りの方法で行った」とあります。ともに、台車の運動をグラフ化して見えるようにするのですが、記録タイマーを使わない方法とはどのようなものなのでしょうか。問題の続きを見てみましょう。

例題1の続き　大学入試問題：台車の運動を可視化する
（2021年度大学入学共通テスト／物理基礎第3問、一部改変）

次に、台車から記録テープをはずし、図12のように、加速度測定機能のついたスマートフォンを台車に固定し、加速度を測定した。

測定を開始してからおもりを落下させ、台車がストッパーによって停止したことを確認して測定を終了した。

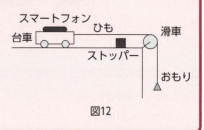

図12

記録タイマーを使わない方法とは、加速度や速度の測定機能のついたスマートフォンを使っての測定のことだったのです。さらに、スマートフォンの画面には、図13のようなグラフが表示され、記録タイマーとテープを用いたときのような、面倒なグラフ化の作業が不要です。結果がすぐに見えることが、スマートフォンやタブレットを用いた測定の利点だといえます。

さらに、これらの機器の録画機能を用いれば、

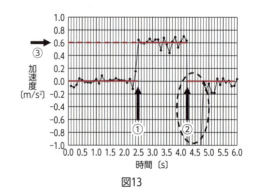

図13

短時間で終わる実験のようすを何回も繰り返して見ることができ、特に記録テープの処理では見落としがちであった、台車の動き出しの部分も映像をスローにすればしっかりと確認することができます。

ところで、問題文には「測定を開始してからおもりを落下させた（台車を動かした）」、「ストッパーによって停止したことを確認してから測定を終了した」とありますが、図13で具体的に確認することにしましょう。

① 測定開始から2.5秒後に台車が動き始めている。

② 台車は、動き出してから4.2秒後にストッパーによって停止した。ストッパーによる衝撃のため、停止直後、台車は複雑な運動をしている。

③ 2.5秒〜4.2秒の間、台車は等加速度運動をしており、加速度の大きさは0.6 m/s^{2}である。

これらのことが確かめられます。大学入学共通テストでは、もう一歩踏み込んで、「記録タイマーを使って求めた加速度の大きさ（0.72 m/s^2）とスマートフォンで求めた値（0.6 m/s^2）とがなぜ違っているのか」を問うています。「スマートフォンの方が正確だから、記録タイマーの数値が間違っている」と早計に決めつけてしまってよいのでしょうか。吟味の詳細は次章で再度取り上げますが、ヒントは質量です。

「台車を引く力が一定であっても、台車の質量がスマートフォンの分だけ重くなっている」、この質量と加速度の関係が関わってきます。

ここで、図13を見て気づくことは、前述の①〜③以外に、スマートフォンの加速度測定機能の精度がよく、台車の運動の細かな変化まで拾ってしまっているという点です。実験台の微妙な凹凸や、ストッパーとの衝突の際の複雑な動きまでもがグラフには再現されています。台車の動きを大きくとらえようとするときには、このような微妙な変化に目を奪われることなく、運動の傾向をしっかりと見極めることが大切になってきます。

v-t グラフからわかること　何を読み解くか、何が読み取れるか

例題1では、台車の走った「距離」と「時間」が同時にわかる記録タイマーを使いながら、時々刻々変化する台車の動き（速さ）を見えるようにした v-t グラフを考えました。

では、次にこのグラフを用いれば物体の運動についてどんなことがわかるのかという v-t グラフの活用、すなわち v-t グラフから何を読み解くか、何が読み取れるかについて考えることにしましょう。そこで、例題2です。ポイントは、グラフの傾き、グラフの面積、そしてグラフの変換です。

大学入試問題：v-t グラフの読み取り
（2018年度大学入学共通テスト試行調査、物理基礎第2問、一部改変）

斜面上に置いた質量0.500 kgの台車に記録テープの一端を付け、そのテープを1秒間に点を50回打つ記録タイマーに通す。記録タイマーのスイッチを入れ、台車を静かに放したところ、斜面に沿って動き出し、図14のような打点がテープに記録された。

測定結果をもとに各区間の平均の速さ v を求め、時刻 t との関係を点で記すと、図15のようになり、直線を引くことができた。

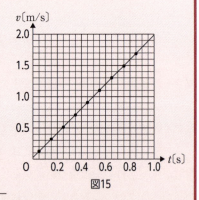

図15

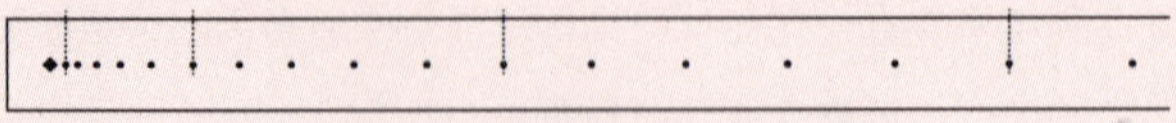

図14

問1　図15の直線から台車の加速度を求めるといくらになるか。最も適当なものを、次の①〜⑥のうちから一つ選べ。また、それは図15のグラフのどこに表れているか。

① 0.196　② 0.980　③ 1.69　④ 1.96　⑤ 4.90　⑥ 9.80

問2　台車が走り出してから0.8秒間の移動距離はいくらになるか。また、それは図15のグラフのどこに表れているか。

正解▶　問1 ④、v-t グラフの傾き、問2 0.6 m、v-t グラフの面積

例題のねらい　v-t グラフの傾き、面積

実験のようすについては例題1と同様です。図16を参照してください。この実験で得たテープの処理を行い、台車の速さが時々刻々どのように変化したかを表したグラフが図15です。この v-t グラフには、台車の運動のすべての情報が含まれています。それらを探りあてるのが本例題のねらいです。その情報とは、図17に示したように、次の2つです。

図16

① グラフの傾きは、台車の加速度を表す。
② グラフの面積は、台車の走行距離を表す。

速度（速さ）同様、加速度という用語もまた日常よく使います。力学では主役を演じる大切な物理量なので、ここでしっかりと確認しておくことにします。

なお、図15は1秒間に50打点の記録タイマーを用いての測定結果である点に注意しておきましょう。

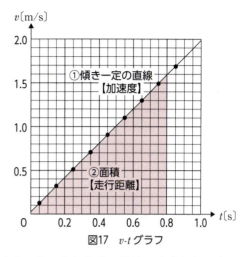

図17　v-tグラフ

● **加速度：それは運動の変化のバロメーター**

私たちが実際に測定できるものは距離や時間ですから、速度や加速度もまた距離と時間を用いて表すことになります。秒速や時速などの速さは、1秒間や1時間に進んだ距離のことでした。単位のm/s（秒速）、km/h（時速）がそのことを表しています。

加速度も同様で、「加速する割合」のことなのですが、これでは何のことかよくわかりません。「1秒間に速さがいくら増えたか」を加速度と呼んでいるのです。速さが特別な距離であったように、加速度もまた特別な速さだといえますね。

加速度：1秒間あたりの速さの増加分

したがって、等加速度運動とは、1秒経過ごとに速くなる割合が常に等しい運動のことを指しています。数学でいうと、等加速度運動の加速度とはちょうど等差数列の公差のことだと考えてもよさそうです。

等差数列：各項の差が等しい数列（下の例では10）

では、具体例で考えてみましょう。注目すべき箇所は、下線部分です。

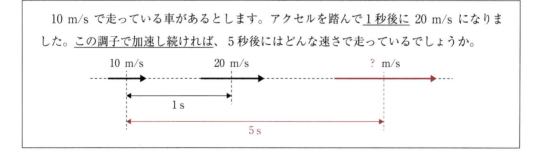

この運動は等速ではなく、確かに加速しています。しかも2つ目の下線部分「この調子で加速し続ければ」とあるように、加速の割合が常に等しいのです。速さが、等差数列の形になっているわけです。加速度とは1秒間にいくら速くなったかのことで、10 m/s が1秒後に20 m/s に増

えていますので、この運動の加速度は 10 m/s/s だとわかります。10 m/s/s には秒という単位が分母に 2 個ついていますが、これは「1秒間あたり10メートル毎秒速くなった」という意味です。このことを

加速度の単位：○ m/s/s → ○ m/s² （メートル毎秒毎秒）

と表します。

ともあれ、この車の運動は 1 秒間あたり 10 m/s ずつ速くなること、さらには、この値は変わらないことがわかりました。求めるのは 5 秒後の速さです。1 秒間に 10 ずつ増えるのですから、5 秒後には 10 が 5 個になり、求める速さは

5 秒後の速さ：<u>10〔m/s〕</u> + <u>10〔m/s²〕 × 5〔s〕</u> = 60〔m/s〕
　　　　　　もとの速さ　　　　増加分

となります。車がブレーキをかけて徐々に遅くなっている場合は、加速度をマイナスにすればよいだけです。これで加速度の意味はわかりました。では、加速度は、v-t グラフのどこに現れているかという v-t グラフの活用のしかたについて説明します。

● **加速度：それは v-t グラフの傾き**

長い坂道の手前には図18のような道路標識が立っています。知らなかったという人も多いのではないでしょうか。9 % という数字と矢印から、おそらく坂の傾きについて何かを伝えようとしているということは察しがつきます。この 9 % の 9 という数字には、実は

<u>水平方向に 100 m 進めば 9 m 上がるような</u>**勾配**

図18

という意味が込められています。では、なぜ 9 % なのでしょうか。パーセント（percent = per century）とは 100 のうちのいくらかを指す記号なので、9 % の坂道とは、まさに「100 m 進んで 9 m 上がる」ような勾配だと私たちに教えているのです。決して、9° という角度ではなかったのですね。

このように、**傾き**とは「**横**にいくら進めば、**縦**にいくら上がるか（下がるか）」という比率のことなのです。ですから、道路標識の 9 % という坂道は

9 % の坂道 ⇒ $\dfrac{上に 9 \text{ m}}{横に 100 \text{ m}}$ = 0.09 という傾き

このように、0.09（すなわち、9 %）という数値で表されることになります。

そうすると、図19の等加速度運動を表す斜めの直線の傾きは、どのような数値（比率の値）で表されることになるのでしょうか。いま、直線上の 2 点、たとえば P 点と Q 点を考えます。こ

れら2点は、それぞれ表1のように、台車が動き出してから

P点： 0.4秒後には、0.8 m/sの速さ
Q点： 0.8秒後には、1.6 m/sの速さ

という時間と速さを示しており、2点を比較すれば0.4秒間に0.8 m/sだけ速くなっていることがわかります。この間の加速度は、加速度とは1秒間あたりの速さの増し分のことでしたから、

表1

	P点	Q点	
時間	$t_P = 0.4$	$t_Q = 0.8$	
$t_Q - t_P = 0.8 - 0.4 = 0.4$ [s]		横の値
速さ	$v_P = 0.8$	$v_Q = 1.6$	
$v_Q - v_P = 1.6 - 0.8 = 0.8$ [m/s]		縦の値

$$\underbrace{\text{PQ間の加速度} = \frac{0.8 \text{ m/s}}{0.4 \text{ s}} = 2 \text{ m/s}^2}_{\text{加速度の値}} \Longleftrightarrow \underbrace{\frac{0.8 \text{ m/s}}{0.4 \text{ s}} = \left(\frac{v_Q - v_P}{t_Q - t_P} \begin{array}{l}\leftarrow \text{縦の値}\\ \leftarrow \text{横の値}\end{array}\right) = \text{PQの傾き}}_{\text{v-tグラフの傾き}}$$

このように2 m/s^2となります。上式の関係で分数に着目すると、分母はちょうどPQ間の横の長さ、分子はPQ間の縦の長さ、加速度として求めた2 m/s^2が横と縦との比率、すなわち線分PQの傾きになっています。2点P、Qはそれぞれ直線上の点でしたから、比率の値2 m/s^2は直線の傾きにもなっています。ようやく結論にたどり着きました。

① 等加速度運動は、v-tグラフでは傾き一定の直線で表される。
② 等加速度運動の加速度は、v-tグラフの傾きである。

これ以降は、加速度が知りたければ、v-tグラフの傾きを求めればよいことになります。

では次に、走行距離とv-tグラフの関係について考えましょう。台車の0.8秒間の走行距離はいくらになるか、それにはv-tグラフのどこに着目すればよいのでしょうか。

● 走行距離：それはv-tグラフの面積

v-tグラフは、記録テープを6打点や5打点（0.1秒間隔）ずつ切り離して、それを順次方眼紙に貼りつけて、それをもとにして描きました。図20は、図15のv-tグラフのもとになった記録テープを復元したものです。ですから、台車の走行距離が求めたければ、この5打点ごとに切り離した記録テープを、もう一度つなげればよいだけです。台車の走り出してからの0.8秒間の走行距離は、図20のように合計8枚のテープをつなげ、その長さを測定すれば求まるわけです。……しかし、面倒ですね！！

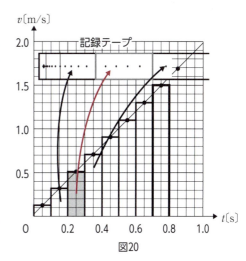
図20

そこで、例えば0.7秒から0.8秒までの0.1秒間の走行距離ですが、これは、この間の平均の速さが1.5 m/sですから、

$1.5 \text{ m/s} \times 0.1 \text{ s} = 0.15 \text{ m}$ ← 0.1秒間の走行距離

となり、これは長方形の面積を計算していることにほかなりません。また、この長方形の面積は、図21のように小さな三角形AをBの場所に移すことで、8枚の長方形の面積（階段状の面

積）は、結局は大きな三角形の面積に等しくなります。

まとめましょう。求めたいものは台車の走行距離でした。

走行距離 → 記録テープの長さ → $v\text{-}t$ グラフでの長方形の面積の和（図20の階段状の面積）→ **大きな三角形の面積（図21の全体の三角形の面積）** → $v\text{-}t$ グラフの□

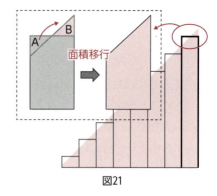

図21

上記の□には何が入るでしょうか。大きな三角形の面積とは、$v\text{-}t$ グラフでは等加速度運動を表す直線（傾き一定の直線）と横軸と、そして縦軸とで囲まれた面積です。つまり、□には、（**$v\text{-}t$ グラフ**の）「面積」が入ります。加速度が $v\text{-}t$ グラフの直線の傾きで表されたように、台車の走行距離は $v\text{-}t$ グラフの面積で表されるのです。

したがって、例題2の問2の答えは次のようになります。

> 台車の0.8秒間の走行距離 x は、$\underline{v\text{-}t\text{グラフの面積}}$ で求まる。
> $$x = \frac{1}{2} \times 0.8\,\text{s} \times 1.5\,\text{m/s} = 0.6\,\text{m}$$
>
> 三角形の面積：$S = \frac{1}{2} \times$ 底辺の長さ $\times$ 高さ

グラフの変換：運動をよりよく理解するために

運動を可視化するグラフとは、v-t グラフだけなのかどうか。運動をよりよく理解するために、グラフの変換（グラフの書き換え）について考えます。運動を多面的にとらえることがねらいです。では、次の啓介の問題提起からはじめましょう。

啓介と美佳の疑問

啓介： v-t グラフで運動は可視化できるんだけど……でも、可視化できるのは v-t グラフだけなんだろうか。

美佳： どういうこと？ v-t グラフを使えば、グラフの傾きや面積で加速度や走行距離を求めることだってできたじゃない。

啓介： そうなんだけど……実は、次の高校入試の問題、なんだかすっきりしなくて、このもやもやも v-t グラフで解消できるんだろうか。

啓介の示した問題（2017年度青森県立高等学校入学者選抜学力検査問題理科大問5）

おもりのついた台車の運動を1秒間に50打点する記録タイマーを使って測定した。右の記録（図22）から、おもりが床に着くまでの時間と移動距離の関係を表したグラフはどれか、次から1つ選べ。

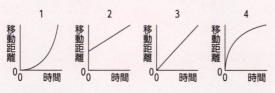

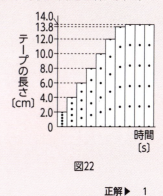

図22

正解 ▶ 1

美佳： 最初の0.7秒間は記録タイマーの測定記録から等加速度運動している。v-t グラフから、移動距離と時間の関係って求まらないのかしら。

啓介： 運動を表すグラフって、移動距離と時間の関係、速さと時間の関係（v-t グラフ）、加速度と時間の関係などいろいろあるよね。この3つってお互いどのようにつながっているんだろう。

啓介と美佳の疑問に答えよう〜v-t グラフ、x-t グラフ、a-t グラフの密接な関係〜

● v-t グラフから x-t グラフへ

啓介のもやもやの原因となった問題、啓介はいったい何と答えたのでしょうか。テープを5打点ごとに切って貼りつけた図を見て、縦軸がテープの長さ（台車が走った距離）だから、「縦軸

のテープの長さ＝台車の移動距離（全走行距離）」と早合点して、図22と形の似ている2番を選んだのに違いありません。しかし、正解は1番だと知って、「なぜ、下に凸の放物線なんだ」という疑問とともに、すっきりしない、何かもやもやとした気持ちにさいなまれているのでしょう。

それでは、啓介の疑問に答えましょう。なぜ移動距離と時間の関係を表すグラフ（**x-tグラフ**）が、下に凸の放物線になっているのかについて考えます。ところで、運動の可視化の基本は v-t グラフで、v-t グラフによる移動距離と加速度の基本は次の2つでしたね。

基本①：**移動距離**は、**v-tグラフの面積**で表される。
基本②：**加速度**は、**v-tグラフの傾き**で表される。

移動距離については、基本①の出番です。動き始めてから t 秒間の移動距離（記号 x を使います）は、図23（a）の三角形の面積で表されましたから、三角形の面積を求める式さえ知っていれば容易に求めることができます。

$$x = \frac{1}{2} \times at \times t = \frac{1}{2}at^2 \quad \leftarrow 移動距離\,x\,は時間\,t\,の2乗（放物線）$$

このように、式で表せば、「なぜ移動距離は、下に凸の放物線になっているか」は一目瞭然ですね。

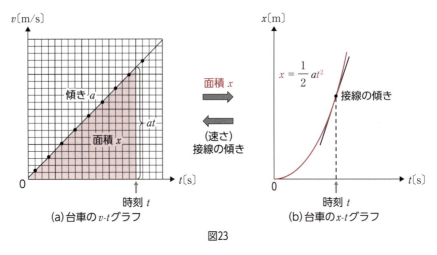

図23

では、時刻 t での台車の速さは x-t グラフのどこに表れているのでしょうか。高校で学習する微分積分という便利な方法を使うと瞬時に求まってしまうのですが、実は、図23（b）のように、放物線の時刻 t での接線の傾きが、その時刻での台車の速さを表しているのです（「微分積分という便利な方法」に興味のある方は、後述の探究をご覧ください）。v-t グラフの三角形の面積で移動距離を求めるのと、x-t グラフの接線の傾きから速さを求めるのとどちらの方がわかりやすいでしょうか。v-t グラフの方が、使い勝手がよいのです。

● **v-t グラフから a-t グラフへ**

等加速度運動の場合、加速度と時間のグラフ（**a-tグラフ**）は単純明快です。基本②から **v-tグラフ**の傾きが加速度です。しかも傾き一定の直線ですから、図24（b）のように **a-tグラフ**では横軸に平行なグラフになります。

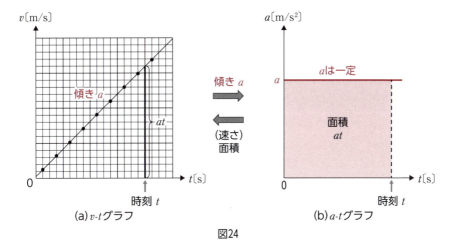

(a) v-tグラフ　　(b) a-tグラフ

図24

　時刻 t での速さ v は at でしたから、a-t グラフでは長方形の面積として現れます。このように、a-t グラフは一見シンプルでわかりやすいのですが、しかし、このグラフから移動距離を求めようとすると、a-t グラフをいったん v-t グラフに変換しなければならず面倒なのです。

　以上、v-t グラフ以外の x-t グラフや a-t グラフのつくり方やその特徴を見てきました。大切なことは、グラフから実際の運動のようすがいきいきとイメージできることです。ちなみに図25の a-t グラフのように、途中で加速度の符号が変化してしまっている運動とは、日常どのような場面で見られるものでしょうか。

　図25から気づくことは

　① 加速度が横軸と平行（→等加速度運動だ！）

　② 時刻 t_0 で、加速度がマイナスからプラスに変わっている（→ 加速度の向きが変わった！）

の2つですね。疑問としては、②の加速度の符号の意味ではないでしょうか。力学では、プラスやマイナスの意味は、向きの違いを表していることが多いのですが、ここでは、

　加速度がプラス　：　加速度の向きは運動の向きと同じ　→ 加速

　加速度がマイナス：　加速度の向きが運動の向きとは逆向き　→ 減速

を表しています。しかも、その加速や減速の割合が一定だと、図25のような a-t グラフになるのです。このような運動としては、例えば、図26の傾きの等しい2つの斜面を駆け上がり駆け下りるようなボールの運動が考えられます。点Pから速さ v_0 で投げ出されたボールが減速しながら

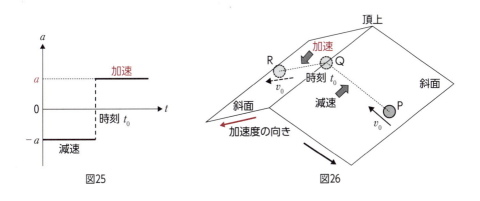

図25　　図26

斜面を登り、時刻 t_0 で頂上（点 Q）に達し（そこで一瞬止まるとします）、そして加速しながら斜面を下って点 R を速さ v_0 で通過するという運動です。頂上で 2 つの斜面はなめらかにつながっています。

　この斜面上の運動を $v\text{-}t$ グラフで表したらどうなるかなど、どんどん探りたくなります。これが $a\text{-}t$ グラフや $v\text{-}t$ グラフなどを用いて運動を可視化するメリットなのです。参考のために、図 25 の $a\text{-}t$ グラフから $v\text{-}t$ グラフや $x\text{-}t$ グラフを作成すると図 27 のようになります。

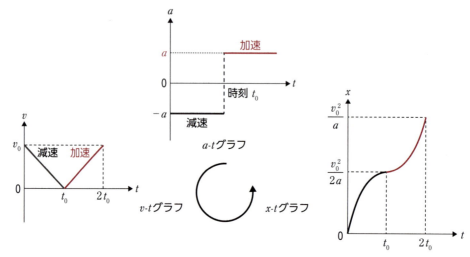

図27　運動を可視化するグラフ

ちょっと背伸びして：微分という便利な方法

「時刻 t での台車の速さは x-t グラフのどこに表れているのでしょうか」という問いかけに対して、「放物線の時刻 t での接線の傾きが台車の速さを表している」と説明しました。ここでは、高校数学で学習する微分という方法を使ってさらに掘り下げてみましょう。図28ですが、(a) では時刻 t での物体の位置（P点）と、そこから少し時間が経過した位置（Q点）という2点を考えます。PQ間の所要時間は Δt で、距離は Δx だけ離れています。P点は Δt かけて Δx だけ離れたQ点に移動したのですから、

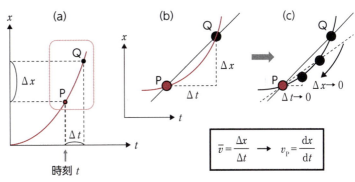

図28

この間の平均の速さは、同図 (b) から

$$\bar{v} = \frac{\Delta x}{\Delta t} \quad \boxed{\text{PQ間の直線の傾き（PQ間の平均の速さ）}}$$

となります。ここからです。求めたいのはPQ間の平均の速さではなく、時刻 t のP点での**瞬間の速さ**です。そこで、同図 (c) のように、放物線に沿ってQ点を徐々に、しかも限りなくP点に近づけることを考えるのです。想像力をはたらかせましょう。

Q点をどんどんP点に近づける → 直線PQの傾きは、P点での接線の傾きに近づく

Q点が限りなくP点に近づいたときの平均の速さ（直線PQの傾き）の「極限（限界）」が、P点での瞬間の速さ（P点での接線の傾き）になるという手法が、微分というものの考え方なのです。このことを、言葉ではなく記号で表したものが次の「式」です。lim（リミット）とは「限りなく……する」という動きを表す記号です。

$$\lim_{\Delta t \to \infty} \frac{\Delta x}{\Delta t} = \frac{dx}{dt}$$

PQ間の時間間隔 Δt をどんどん小さくすると、やがてP点での接線の傾きになる
PQ間の平均の速さ　　　　　　　　　　　　　　　Pの瞬間の速さ

v-t グラフなどグラフで運動を表す方法は、中学校で登場し、高校で十分に使いこなせるようにうんと勉強します。「ちゃんと式で表すことができればグラフなんて使わなくてもいいんだけれど、でもグラフって便利だよね」と思っている人が多いのではないでしょうか。この運動をグラフで分類する方法は、実は、14世紀のイギリスのオックスフォードやフランスのパリで生まれた方法です。運動をあいまいな言葉ではなく、きちんと整理し、理解するにはとても便利な方法で、今ではごく当たり前のように教えられていますが、その源流は14世紀にあったのです。私たちもぜひ、このグラフによる運動のイメージ化（可視化）に慣れ親しんでおきたいものです。

02 落下運動と斜面上の物体の運動：
身近なイメージと v-t グラフによる理解

ここでは、v-t グラフという強力な道具を手に、身近な運動の例として「落下運動（例題3と4）」と「斜面上での物体の運動（例題5）」について扱います。まずは例題3の「追いつけ追い越せ問題」です。

例題3　大学入試問題：鉛直方向の2球の運動（その1）
(2009年度大学入試センター試験／〔追試験〕物理Ⅰ第1問(問1))

図29のように、ある高さの点から小球Aを静かに落とすと同時に、その点より h だけ鉛直上方の点から小球Bを速さ v_0 で投げ下して、Aが地面に達する前にAとBを衝突させた。二つの小球が落下し始めてから衝突するまでの時間として、正しいものを、次の①〜⑧のうちから一つ選べ。ただし、重力加速度の大きさを g とする。

① $\dfrac{h}{2v_0}$　② $\dfrac{h}{v_0}$　③ $\dfrac{2h}{v_0}$　④ $\dfrac{4h}{v_0}$　⑤ $\sqrt{\dfrac{h}{2g}}$　⑥ $\sqrt{\dfrac{h}{g}}$　⑦ $\sqrt{\dfrac{2h}{g}}$　⑧ $2\sqrt{\dfrac{h}{g}}$

図29

正解▶　②

例題のねらい　追いつけ追い越せ問題

小球Bが小球Aを追っかけて、やがて2つの球が出会うという問題は、例えば図30のように、A、Bを小球ではなく2台の車や人だと考えれば、かつてどこかで解いた記憶がよみがえります。力学の問題はイメージしやすいのが特徴です。

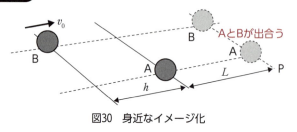

図30　身近なイメージ化

ここであらたまって「出会うとはどういうことか」と問われたら何と答えますか。それは、AとBが「同じ時刻に同じ場所を占めること」なのですが、図30を使って説明すると

①Aが動き出してから、t_0 間に距離 L だけ走った　　→　　t_0 後に、P点にくる

②Bは動き出してから、t_0 間に距離 $h + L$ だけ走った　　→　　t_0 後に、P点にくる

とすれば、AもBも走り出してから時間 t_0 後に同じ場所（図30のP点）にやってくる。すなわち、両者は出会うことになります。このとき、AとBの加速度はともに同じ重力加速度 g です。これを v-t グラフで表してみましょう。さらにイメージしやすくなり、答えも自然と浮かんできます。ここでは、AもBも鉛直下向きに運動（落下）するので、鉛直下向きをプラスと考えます。

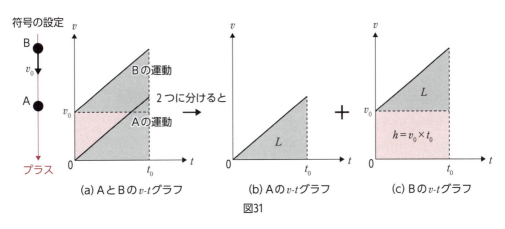

(a) AとBのv-tグラフ　　(b) Aのv-tグラフ　　(c) Bのv-tグラフ

図31

　図31（a）は小球 A、B の運動を1つのv-tグラフで表したものですが、同図（b）や（c）のようにそれぞれ別個に表すとさらに見やすくなります。この（b）、（c）を比較すれば、（c）のグラフの長方形の部分が小球 B が小球 A よりも余計に走った距離、すなわち h に相当します。この値は（c）のv-tグラフの長方形の面積 $v_0 \times t_0$ として表れています。

　次の例題4も例題3同様、落下現象を身近な運動としてとらえ、v-tグラフに表すことができれば、あとはグラフの傾きや面積として求められます。ただし、例題3と4では加速度の向きが違っています。

例題4　大学入試予想問題：鉛直方向の2球の運動（その2）

　地上の点 P から物体 A を速さ v_0 で投げ上げると同時に、点 P の真上の点 Q で物体 B を静かに手放した。次の問1、2に答えよ。ただし、重力加速度の大きさを g とする。

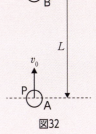

図32

問1　次の文中の空欄に入る語句を、下の選択肢（省略）から選べ。

　点 P を原点として、上向きに x 軸をとる。また、点 Q の高さを L とする。このとき、投げ上げてから時間 t 後の物体 A の位置は $x = $ ア $\times t + $ イ $\times t^2$ と表せる。物体 B についても同様の式が成り立つ。これら二式から、A と B が衝突する時間は、物体 A を投げ上げてから ウ 後に起こることがわかる。以上の結果から、A、B の衝突が PQ 間で起こるには エ $< \dfrac{v_0^2}{gL}$ が成り立たなければならない。

問2　空中で衝突する条件が満たされているとして、運動の開始から衝突までの間の、物体 B に対する物体 A の相対速度の変化を表すグラフを次の①〜⑤のうちから一つ選べ（グラフは後述）。ただし、上向きの速度を正とする。

正解▶　問1　ア v_0　イ $-\dfrac{1}{2}g$　ウ $\dfrac{L}{v_0}$　エ $\dfrac{1}{2}$　問2 ①

例題のねらい 追いつけ追い越せ問題

小球Aと小球Bがそれぞれ反対向きに進んできて、やがて正面衝突するというイメージです（図33）。イメージが膨らんだところで、v-tグラフに表していくのですが、その前に例題3との違いを明確にしておきましょう。例題3ではAとBの動きはともに鉛直

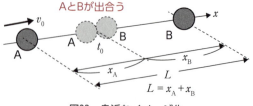

図33 身近なイメージ化

下向きでしたが、例題4ではAは鉛直上向き、Bは鉛直下向きです。AとBの運動の向きが違っている点に注意する必要があります。そこで、図34のように、物体Aの最初の運動の向き（鉛直上向き）をプラスの向きと考えます（問題文の設定通りです）。

> 例題3：鉛直下向きをプラスとする
> （→ 加速度がプラス → v-tグラフは**右上がり**）
> 例題4：鉛直上向きをプラスとする
> （→ 加速度がマイナス→ v-tグラフは**右下がり**）

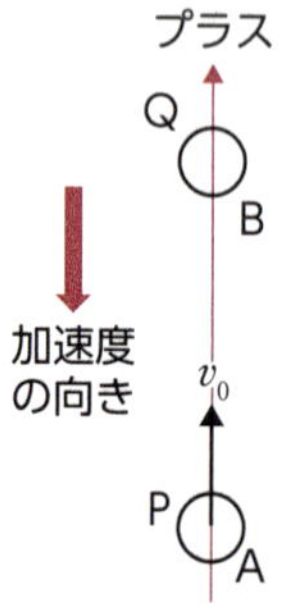

図34

したがって、例題3のv-tグラフは小球AもBもともに右上がり（ともに徐々に加速していく動き）になり、例題4のv-tグラフは物体AもBも右下がりですが、物体Aの速度は上向きに減速し、Bの速度は下向きに加速しています。この違いを考慮して作成したv-tグラフが図35です。図31同様、図35の（b）や（c）は物体AとBの運動の様子をわかりやすくするために、別個に表しています。両物体は動き出してから時間t_0後に出合うのですが、図中のx_Aとx_Bは、この間に物体AとBがそれぞれ走った距離です。このx_Aとx_Bは、物体A、Bの間隔Lと$L = x_A + x_B$という関係にあります。図33を見れば一目瞭然ですね。後は、v-tグラフの基本「走行距離は面積」を用いてx_Aとx_Bを、v_0や重力加速度の大きさg、また時間t_0を用いて表せばよいのです。

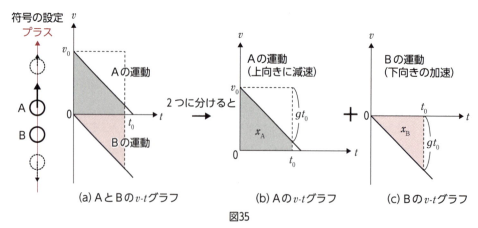

(a) AとBのv-tグラフ　　(b) Aのv-tグラフ　　(c) Bのv-tグラフ

図35

物体Bが落下しはじめてt_0間に走った距離x_Bは、図35（c）から三角形の面積で与えられます。一方、物体Aはどうでしょう。図35（b）のように、t_0間に走った距離x_Aは、三角形の面

積ではなく、台形の面積になっています。台形の面積の公式を使えばよいのですが、ここでは、大きな長方形の面積から右上の三角形の面積を引き算する方法で求めてみましょう（図36参照）。

図36

$$x_A = v_0 t_0 - \frac{1}{2} g t_0^2 \qquad x_B = \frac{1}{2} \times t_0 \times g t_0 = \frac{1}{2} g t_0^2$$

この両者の和が、物体 A と B の間の距離 L になっているわけです。

$$x_A + x_B = \left(v_0 t_0 - \frac{1}{2} g t_0^2\right) + \frac{1}{2} g t_0^2 = L \quad \therefore v_0 t_0 = L \quad \text{から} \quad t_0 = \frac{L}{v_0}$$

ここで、$t_0 = \frac{L}{v_0}$ という時間は、<u>物体 B は動かないで、物体 A が等速度 v_0 で距離 L だけ離れた物体 B に近づいていく時間</u>になっています（次項の「相対速度」を参照）。

では、物体 A と B が空中で（PQ 間で）ぶつかる条件とはどのように考えればよいのでしょうか。それは、$L = x_A + x_B$ をもとに次の①や②という条件を満たせばよいのです（図37参照）。

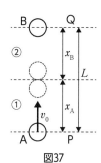
図37

① x_A の条件：$x_A = v_0 t_0 - \frac{1}{2} g t_0^2 > 0$ $\quad \therefore \underline{L - \frac{1}{2} g \frac{L^2}{v_0^2} > 0}$

② x_B の条件：$x_B = \frac{1}{2} g t_0^2 < L$ $\quad \therefore \underline{\frac{1}{2} g \frac{L^2}{v_0^2} < L}$

⇒ $\boxed{\dfrac{1}{2} < \dfrac{v_0^2}{gL}}$

このように、①と②は同じ結果になるのですが、②の方がわかりやすいですね。衝突が PQ 間で起こるためには、物体 B の走る距離 x_B が PQ 間の距離 L よりも小さくなければならないということをいっているのです。当たり前ですよね。①については、どうでしょう。物体 A はやがて U ターンして元の P 点に戻ってきて、さらに下の方に落下していこうとします。$x_A < 0$ とは物体 A が P 点（地面）より下にあることを指しています。物体 A が PQ 間で物体 B とぶつかるための条件は、物体 A は P 点より上、すなわち $x_A > 0$ でなければならないのです。

● 相対速度

地上から見ると、物体 A は上向きに徐々に速度を落としながら運動し、物体 B は初速度 0 だけれど、徐々に速度を上げながら落下します。そして、ついには物体 A と B は衝突するのですが、この運動を物体 B から見れば、物体 A はどのような運動をしていると感じるのでしょうか。例題 4 の問 2 の選択肢①～⑤とは次のようなものです。物体 B から見た物体 A の動き、イメージできるでしょうか。

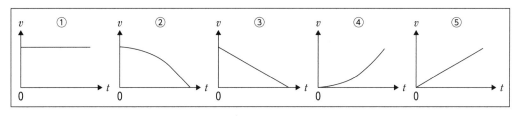

ところで「物体Bに対する物体Aの相対速度」とはどのような速度なのでしょう。「物体Bから見た物体Aの」という表現には、物体Aの運動を見ている観測者が物体Bにいるという意味が込められています。つまりは基準が物体Bにあるということです。観測や測定には、誰から見ての運動かという基準を明確にしなければなりません。

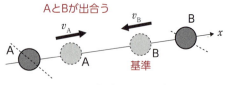

図38　身近なイメージ

少々ややこしいですね。例えば、図39のように高速道路を2台の車A、Bが同じ向きに走っているとしましょう。Aは時速100 km、Bは時速120 kmです。この100や120というのは地上にいる観測者から見ての話です。では、Bの車に乗っている人からAの車を見たとき、その動きはどのように見えるでしょうか。Bの方がAよりも時速20 kmだけ速いので、Aは時速20 kmで、どんどん後ろに下がっていくように見えます。

このように、Bに乗っている人は、自分の車は止まっていると感じます。式で考えると、時速120 kmで右向きに走っている車を止めるのですから、左向きに時速120 kmを足さなければなりません。その影響がAの車にも表れます。これが、Bから見た車Aの走り方になるのです。

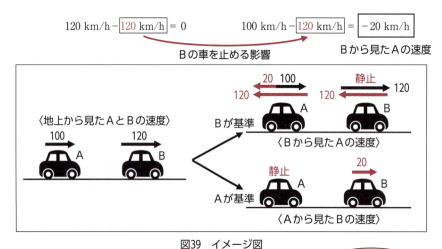

図39　イメージ図

同様に、Aから見た車Bの走り方は、
①車Aを止めるために、左向きに時速100 kmを足す。
②車Bにも、車Aを止めた効果「左向きの時速100 km」を足す。

①、②の結果、車Bは右向きに時速20 kmで走り去ることになります。このように、基準はいつも止まっているとして、基準を止めるための効果を他の物体にも加えてやればよいのです。

いよいよ例題4の問2のなぞ解きです。これまで考えたBの車や、Aの車を止めた操作を$v\text{-}t$グラフ上で行います。Bの運動は右下がりのグラフです。そこで、図40のように、

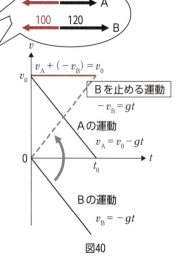

図40

① Bを止める：Bの運動を時間軸で折り曲げた点線で表したグラフをBの運動を表すグラフに足します。

② Bを止めた効果をAにも加える：この点線で表した右上がりのグラフ（式：$-v_B = gt$）をAの運動を表すグラフにも足します。これが、Bから見たAの運動です。

結果は、横軸に平行な速度v_0の等速度運動になります。Bから見ると、物体Aは一定の速さで徐々にBに近づいてくるようになるのです。5つの選択肢のうち、最初の①が正解だったのですね。

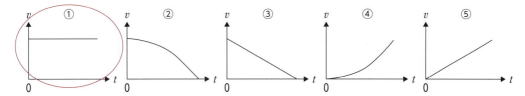

このことから、例題4の問1で求めた「物体AとBが出合う時間 $t_0 = \dfrac{L}{v_0}$」が、物体Bは動かないで、物体Aが等速度v_0で距離Lだけ離れた物体Bに近づいていく時間になっている理由がわかりましたね。

第4章の最後に、v-tグラフの活用例としての斜面上での物体の運動を考えます。斜面上での物体の運動もまた落下運動です。斜面の傾きを小さくすればするほど、落下の加速度をより小さく抑えることができるのです。

例題5　大学入試問題：斜面上の物体の運動
（2015年度大学入試センター試験／物理基礎第3問（問3）、一部改変）

図41のように、なめらかな斜面上の点Pで、小物体を時刻0で静かに放したところ、小物体は斜面をすべり落ちた。小物体の速度の変化を表すグラフとして最も適当なものを、次の①～④のうちから一つ選べ。ただし、空気抵抗は無視できるものとし、斜面に沿って下向きを速度の正の向きとする。

図41

正解▶ ①

例題のねらい　斜面のはたらきを考えよう　ガリレイの着想

斜面を使って物体の落下運動を解明した人物がガリレイです。落下運動では物体の速度がどのように変化しているかなど、運動の様子をより詳しく調べたくても、運動は短時間のうちに終わってしまいます。そこで、ガリレイの考えたアイデアが斜面を使って調べようというものでした。斜面では、落下運動がスローで再現できると考えたのです。ではなぜ、斜面を使えば物体は

ゆっくりと運動をし、その運動の変化の様子が手に取るように「見える」のでしょうか。

第2章ではてこを例に、力のはたらきについて紹介しましたが、力には「運動の変化の原因としてのはたらき」がありました（p70）。斜面を使うことで落下の様子が変化し、物体は斜面上をゆっくりと下っていくことになるわけですが、そこには物体にはたらく力が斜面によって小さくなったのだという「根拠」があっ

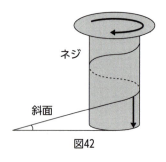

図42

たのです。事実、かつてエジプトでは、この斜面の性質を使って巨石（重い物）を運びピラミッドを建設しましたし、身近なところでは、急な坂道もジグザグに歩けば歩きやすくなります。ネジだって斜面を使っています（図42）。

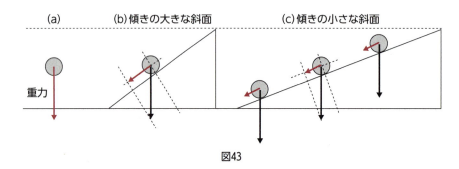

図43

図43からも、(a)の物体にはたらく重力の大きさが、(b)や(c)のように斜面を使うことで小さくなっていることがわかります。斜面の傾きが小さくなればなるほど、斜面に沿った向きの力（重力の斜面方向成分）は小さくなり、この小さな力で物体は斜面上を運動するのです。斜面の傾きが0になれば、物体はもう落下しません。その場でじっとしています。

この斜面上の物体にはたらく力（重力の斜面方向成分）について問うているのが、次の高校入試の問題です。

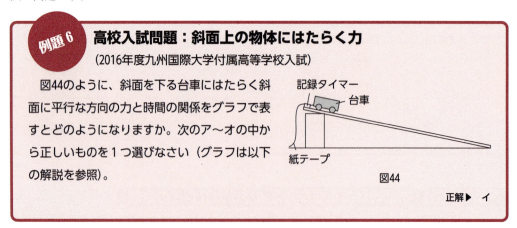

選択肢ア～オとして挙げられているものは、次の5種類です。いろいろとあり目移りしますが、これら5種類の力は大きく2つのグループに分かれます。常に力の大きさが一定のAのグループと、時間とともに変化するBのグループです。

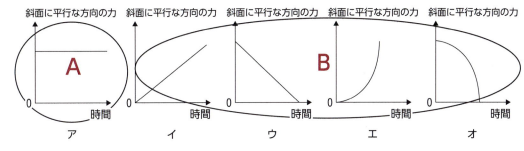

斜面の傾きと力の関係は図45のとおりですが、この力の大きさが斜面上での物体の位置によって変化するかどうかです。図43の（c）からも明らかなのですが、重力の斜面方向の成分は斜面の傾きで決まります。したがって、傾き一定の斜面ならば、物体が斜面上のどこにあろうと斜面に平行な方向の力は同じ大きさなのです。この力と時間の関係（力の変化の様子）を表すグラフに図43の（a）〜（c）の3つの場合の力を書き加えると図45のようになります。

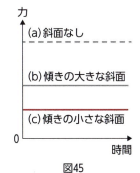

図45

物体にはたらく力と物体に生じる加速度の関係は第5章で明らかになりますが、大きな力で引っ張れば運動の様子が大きく変わる（大きな加速度が生まれる）ことは直感的にわかります。

図46は、図43や図45の各場合について、物体の運動の様子を表した $v\text{-}t$ グラフです。斜面を使わない（a）の場合（落下運動）、落下してから1秒後の速さは9.8 m/sとなりますが、斜面を使うことで、例えば（b）の斜面で斜面方向の成分が重力が半分になれば、1秒後の速さは4.9 m/sとなり、さらに傾きが緩やかな斜面（c）では2.5 m/sとなります。このように、斜面を使うことで速度変化は小さくなりますが、（a）〜（c）はともに傾き一定の直線（等加速度運動）であり、運動としては同じタイプのものだという点に注

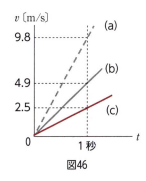

図46

意しましょう。このことにガリレイは気づき、斜面を用いて落下運動のなぞ解きに挑み、成功したのです。

ところで、例題5の選択肢②、③や④はどのような運動かわかりますか？ 例えば、③の $v\text{-}t$ グラフは、傾き一定の直線ではないので、加速の割合が一定でないことはわかります。そこで、落下しはじめてから1秒後と2秒後の加速度を調べると、図47のように、その時刻でのグラフの傾き（接線の傾き）が、1秒後よりも2秒後の方が急になっています。$v\text{-}t$ グラフの傾きは加速度を表していますので、③は斜面の傾きが一定ではなく、図48のように、落下するにつれ急勾配になっている斜面上での運動だったのです。このように考えれば、選択肢②や④の運動もどのような斜面であったか、だいたいの察しがつきますね。

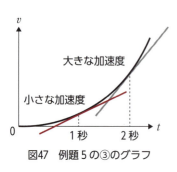
図47 例題5の③のグラフ

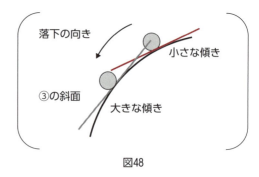
図48

落下運動は、私たちにとって身近な現象であり、ガリレイ以降、斜面は落下運動を調べる有効な手段であっただけに大学や高校入試にはひんぱんに出てきます。次の問題も中学校3年生がチャレンジするものです。さて、パッと答えがひらめくでしょうか。

チャレンジ問題　高校入試問題：斜面上の物体の運動
（2018年度東大寺学園高等学校入試）

図49のように、摩擦のない斜面上の点Aに物体をおき、静かに手をはなした。物体は斜面上をすべったあと、点Bを通って、摩擦のある水平面上を一定の摩擦力を受けながらすべり、点Cで止まった。ただし、物体が点Bを通過する直前と直後で速さは変化しないものとする。

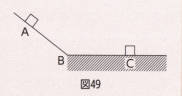
図49

問1 Aで物体から手をはなしてからの時間を横軸に、物体がAからCに達するまでの物体の速さを縦軸にとったとき、グラフのおおよその形として、次のア～エから最も適当なものを1つ選べ。

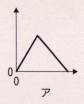 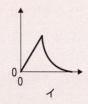 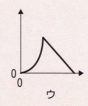 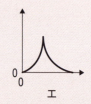
　　ア　　　　　　イ　　　　　　ウ　　　　　　エ

問2 Aで物体から手をはなしてからの時間を横軸に、物体がAからCに達するまでに進んだ距離を縦軸にとったとき、グラフのおおよその形として、次のア～エから最も適当なものを1つ選べ。

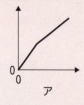 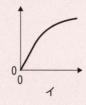
　　ア　　　　　　イ　　　　　　ウ　　　　　　エ

正解 ▶ 問1 ア　問2 エ

理科の基礎知識　$v\text{-}t$グラフによる運動の分類

　様々な運動がある中で、中学校や高校では、速度が変化しない**等速直線運動**（**等速度運動**）と、加速の割合が一定な**等加速度運動**の2つの運動を学びます。図50の $v\text{-}t$ グラフの a〜d で表された運動のうち、等速直線運動と等加速度運動を表しているものはどれでしょうか。

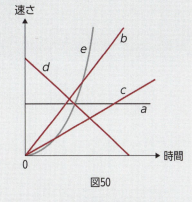

図50

① a は、時間が経過しても速さの変化しない運動
② b〜d は、速さが一定の割合で増えたり（b と c）、減ったり（d）している運動
③ e は、速さの増え方が一定でない運動

をそれぞれ表しています。したがって、①が等速度運動、②が等加速度運動です。ここで、b と c は同じグループですが、直線の傾きは b の方が大きくなっています。これは、加速の割合が大きい（加速度が大きい）ということ。さらに、d は傾きが右下がりで、減速、すなわち加速度がマイナスの運動を表していることになります。③のグループには $v\text{-}t$ グラフでは直線以外のものが入ります。このような運動は私たちのまわりにはたくさんありますが、中学校や高校では扱いません。

第五章

力と運動の世界

～運動を引き起こす力～

5

01 運動の陰に力あり：
運動解明の第一歩

　第4章では、物体の運動を可視化する v-t グラフについて、その性質から活用までを扱いました。しかし、いくら v-t グラフを駆使したからといって、なぜ物体はそのような運動をするのかという運動を引き起こした原因まで探り出すことはできません。この点に関して v-t グラフは無力なのです。物体の運動の原因や根拠を物体に作用する「力」に求め、この力と運動の関係をとらえようというのが本章のねらいです。

　落下運動する物体の加速度がその質量の大小によらず、なぜ 9.8 m/s^2 という一定の値をとるのか、また地球をはじめ太陽系の惑星が太陽を一つの焦点としてなぜ楕円軌道を描いて回り続けるのか、さらには水面に浮いた木片の上下運動とばねに取りつけられた物体の往復運動がなぜ酷似しているのか、これらの疑問は運動を引き起こす力の正体を明らかにしてこそ解明できるのです。見かけは異なった運動のように感じても、運動を引き起こした力にまで目を向ければ、実は同じタイプの運動であったことに気づかされます。

　ケプラーからガリレイ、そしてデカルトへとつながれた運動の解明というバトンがニュートンによって「運動の法則」や「万有引力の発見」として開花し、体系化されました。本章のゴールは、「運動に関する3つの法則」の理解、そして納得にあります。3つの法則のうち2つ（慣性の法則と作用反作用の法則）は、中学校理科で登場します。私たちにとってはなじみ深いものといってもよいでしょう。

　力と運動の関係をイメージするために、まずは次の例題にチャレンジしましょう。

 大学入試問題：物体にはたらく力と運動
（2011年度大学入試センター試験／物理Ⅰ第4問（問3））

　図1のように、質量 M の物体Aと質量 m の物体Bを軽い糸でつないであらい水平面上に置き、Aを水平右向きの力で引いて、AとBをともに一定の速さ v で運動させた。この

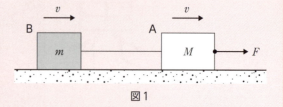

図1

とき、力の大きさは F であった。水平面とA、Bの間の動摩擦係数を μ'_A、μ'_B とする。また、重力加速度の大きさを g とする。

　このとき、F を表す式として正しいものを、次の①〜⑥のうちから1つ選べ。

① $\mu'_A Mg$ 　　　　　　　　　② $\mu'_B mg$

③ $(\mu'_A M + \mu'_B m)g$ ④ $(\mu'_A M - \mu'_B m)g$
⑤ $\dfrac{\mu'_A + \mu'_B}{2}(M+m)g$ ⑥ $\dfrac{\mu'_A + \mu'_B}{2}(M-m)g$

正解▶ ③

例題のねらい 運動を引き起こす力の発見（運動解明の第一歩）

力 F によって物体 A と B はともに水平方向に一定の速さで運動しています。問題の図 1 をみても、何の違和感もありませんね。身のまわりのありふれた現象だといえます。

そこで、いま一歩踏み込んで、物体 A や B にはどのような力がはたらいているかを考えてみましょう。運動に直接関わる力としては、図 1 から物体 A を水平右向きに引っ張っている力 F と、それ以外に次のようなものが考えられます。空気の抵抗がはたらけば、それも入ってきます。

物体 A：物体 A と B をつなぐ糸から受ける力 T_A、水平面と物体 A との間の摩擦力 f_A

物体 B：物体 A と B をつなぐ糸から受ける力 T_B、水平面と物体 B との間の摩擦力 f_B

これらの力を向きに注意して書き出したものが、次の図 2 (a)、(b) です。同図 (a) には、水平方向の力のみが描かれています。それは、物体 A、B の動きの向きと力の向きとは同じでなければならないからです。

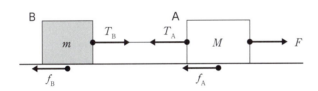

(a) 水平方向の力のみ図示　　(b) はたらく力をすべて図示

図 2

しかし、力としては図 2 (a) に示したものだけではありません。物体 A、B には、**重力**や物体が接している水平面（例えば床）からも力（**垂直抗力**）を受けています。同図 (b) に、物体 A についてですが、水平方向や鉛直方向にはたらくすべての力を描きました。実に多くの力がはたらいていることがわかりますね。

力を加えるのを止めてしまうと物体はすぐに止まってしまう、日常経験から得た常識です。本例題のように、同じ速さで走り続けるには運動方向に力を加え続けなければなりません。それは図 2 (a) のように、加えた力を打ち消すような物体と床との間の摩擦力（動摩擦力）、さらに物体 A には糸からの張力がはたらいているからです。これらの力に打ち勝つだけの力 F が必要なのです。以下、この必要な力 F の大きさを求めてみましょう（本例題のねらいです）。

そこでまず、物体 A や B について、はたらいている力にはどのような関係が成り立っているかを考えます。物体 A、B の運動の方向（右向き）をプラスの向きと定めると、図 2 (a) から

物体 A（F、T_A、f_A の関係）： $F - T_A - f_A = 0$ ・・・①

物体B（T_B、f_Bの関係）　：　$T_B - f_B = 0$　・・・②

が得られます。運動に直接関係する力は水平方向の力なので、図2（b）で示した鉛直方向の力（重力や垂直抗力）は①式、②式には出てこないのです。

さらに、物体AとBを結び付けている糸の質量が無視できるほど小さければ、T_AとT_Bの間には、$T_A = T_B$・・・③という関係も成り立ちます。この①式〜③式が成り立つことを「了解（納得）」しさえすれば、①、②の2つの式を辺々足して、そこに③の関係を代入することで求めたい力Fが現れます。解答は以下のとおりです。

> ①式と②式を辺々加えて③式を考慮すると、$F = f_A + f_B$ が成り立つ。ここで、動摩擦力f_A、f_Bは、それぞれ
> $$f_A = \mu'_A Mg、f_B = \mu'_B mg \quad ・・・④$$
> と表せるので、求める　物体Aに加えていた力Fは
> $$F = f_A + f_B = (\mu'_A M + \mu'_B m)g \quad ・・・⑤$$
> となる。
> （正解は選択肢の③）

最終結果である⑤式（選択肢③）は、私たちの常識に合っていますね。糸の質量は無視できるほど小さいですから、図3のように、物体AやB、そして糸を一体（ひとかたまり）として考えれば、⑤式は摩擦に打ち勝つだけの力で引っ張ってやればよいというもの

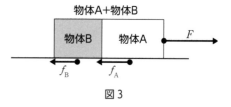

図3

ですし、また④式は、動摩擦力の性質から導ける式ですから、今はそういうものだと思っておいてください。⑤式を導き出した枠内の計算には何の疑問もわきませんが、問題はこの結果を導き出した前提としての①式〜③式が納得できるかどうかです。

> ①式、②式に対する疑問　→　①式や②式は納得できない。
> 　物体AやBにはたらく力の和が0ならば、力がはたらいていないのと同じだ。物体は止まってしまうではないか。現に、物体Aを引く力Fを0にしたら物体AもBもすぐに止まってしまう。
>
> ③式に対する疑問　→　質量と力の関係はどうなっているのか。
> 　なぜ、物体AとBを結ぶ糸の質量が小さい場合に$T_A = T_B$としてよいのか。もし、糸の質量が無視できなければ、$T_A = T_B$は成り立たないということか？

このような疑問に答えられてこそ、物体Aを引く力Fは⑤式と求まり、また⑤式が成り立つような力Fで引くことで、物体AとBは一定の速さvで等速直線運動をし続けるのです。これらの疑問に答えるよりどころがニュートンによって体系化された運動の法則なのです。

02 ニュートンの運動の3つの法則：ニュートンのめざした世界

運動に関する3つの法則

　例題1の①式〜③式が成り立つための根拠を与える、ニュートンによってまとめられた運動の3つの法則とは、どのような法則なのでしょうか。理科や物理の授業では、次のように説明しています。

運動の第1法則（慣性の法則）→ 静止も等速直線運動も力がはたらいていない状態

　外部から力を受けないか、あるいは外部から受ける力がつり合っている（合力が0）場合には、静止している物体はいつまでも静止を続け、運動している物体は等速直線運動を続ける。

> 静止とは、速度の大きさが0の等速直線運動

運動の第2法則（運動の法則）→ 力がはたらくと運動状態が変化する（加速度が生まれる）

　物体にいくつかの力がはたらくとき、物体にはそれらの合力 F の向きに加速度 a が生じる。その加速度の大きさは合力の大きさに比例し、物体の質量 m に反比例する。質量に kg、力に N、加速度に m/s^2 の単位を用いると、$ma = F$ が成り立つ。これを**運動方程式**という。

運動の第3法則（作用反作用の法則）→ 2つの物体の間の力のはたらき方

　物体Aから物体Bに力をはたらかせると、物体Bから物体Aに、同じ作用線上で、大きさが等しく、向きが反対の力がはたらく。

　さて、これら3つの法則は、17世紀にニュートンが著した「自然哲学の数学的原理（通称：プリンキピア）」という書物の中に登場します。当時の慣習にしたがって、この書物はラテン語で書かれました。参考として、その英訳と、多少日本語としてはたどたどしくはなりますが、ニュートンの意図をできるだけ忠実に反映した和訳を示しておきます。この和訳を見ると、ニュートンが3つの法則によって明らかにしようとしたものと、先に示した学校で習った法則の表現が、少し異なっていることがわかります。

運動の第1法則（慣性の法則）

【英訳】Every body continues in its state of rest, or of uniform motion in a right line, unless it is compelled to change that state by force impressed upon it.

【和訳】あらゆる物体は、その物体に加えられた力によって運動状態を変えることを強制されない限り、静止状態、または、まっすぐな線上に変わることのない運動（一様な直線運動）をし続ける。

運動の第2法則（運動の法則）

【英訳】The change of motion is proportional to the motive force impressed; and is made in the direction of right line in which that force is impressed.

111

【和訳】運動の変化は押しつけられた起動力に比例し、力が押しつけられた直線の方向に起こる。

運動の第３法則（作用反作用の法則）

【英訳】To every <u>action</u> there is always opposed an equal <u>reaction</u>: or, <u>the mutual actions of two bodies</u> upon each other are always equal, and directed to contrary parts.

【和訳】いかなる作用に対しても、必ず大きさの等しい逆向きの反作用が伴う。互いに及ぼし合う２つの物体の相互作用は、常に大きさが等しく、かつ反対方向に向かう。

　力が引き起こす運動の変化（加速度）と物体の最初の状態（出発点での位置と速度）さえわかれば、地上の運動であろうが惑星の楕円を描く軌道であろうが、物体の種類やその置かれている状況によらず、同じ法則によって解き明かすことができるのです。ニュートンの運動の法則によって、すべての力学現象を解明する道が切り拓かれ、私たちは未来の予測を可能とする確かな自然法則を手にしたといってもよいでしょう。では、以下、例題を通して、ニュートンの運動の３つの法則それぞれについてみていくことにします。

運動の第１法則は慣性の法則：慣性とはどんな性質？

　運動の第１法則は、別名「**慣性の法則**」と呼ばれています。慣性とは、聞きなれない言葉なのでピンときませんが、慣性を「惰性」と言い換えてはどうでしょう。たとえば「惰性のままに生きる」とは「それまでの生活を続ける、自ら生活態度を改めようとしない」となり、イメージしやすいのではないでしょうか。外から力を受けない限り、物体もまたいまの運動状態を維持しようとする性質を持っており、このような性質を「慣性」と名づけたのです。

　慣性を実感できる遊びがあります。「ダルマ落とし（図４）」や「テーブルクロス引き」です。ダルマ落としは、胴体部分のコマを木づちでたたいてはじき飛ばし、頭の部分を徐々に下へ移動させるゲームですが、さて、図のa、bどちらのコマをたたいた（打ちぬいた）方が頭を床に落とさずに下へと移動させやすいでしょうか。啓介と美佳に登場してもらいましょう。

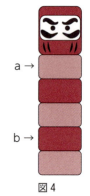

図４

> 啓介：そりゃ、aのコマだよ。だって、aの上に乗っているのは頭だけだから、bよりも軽い。軽い方が小さな力で楽々と飛ばせるに決まっている。
>
> 美佳：bだと思う。理屈は分からないけれど、かつて試してみたことがある。

　皆さんは啓介派でしょうか、それとも美佳派でしょうか。美佳の言う「理屈」にせまる例題が次の輪っかの引き落とし実験です。これはかつて中学校理科で、物体の慣性を実感する教材として取り上げられていたものです。

例題2 大学入試創作問題：慣性を実感する

図5のように、金属製の輪っかのA点とB点に伸び縮みしない、同じ素材で同じ太さの糸を取り付け、上の糸を天井に固定した状態で、下の糸のもう一方の端を手で下に引く実験を行った。

次の文章の空欄 ア 、 イ に入る最も適当な語句の組み合わせを、下の①〜④のうちから1つ選べ。

> 下の糸に加えた力を ア 大きくしていくと、必ず上の糸が切れる。下の糸だけを切りたいときは、下の糸の力を イ 加えればよい。

① ア すばやく　イ 徐々に　　② ア 徐々に　イ 徐々に
③ ア すばやく　イ すばやく　　④ ア 徐々に　イ すばやく

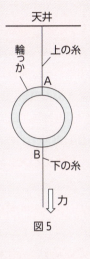

図5

正解 ▶ ④

例題のねらい　慣性の法則に託されたもの（慣性質量と重力質量）

図6のように、下の糸を力Fで下向きに引っ張って、上の糸や下の糸を切ってしまおうというわけですが、力Fの大きさ、また引き方によって、あるときは上の糸が切れ、またあるときは下の糸が切れるなんてことが起こり得るのでしょうか。これは、実は中学校理科の教科書にも扱われたことがある内容で、理屈はわからずとも実験をしたという（経験済みの）人もいるのではないでしょうか。

結論は、以下のとおりです。

1. 輪っかの質量に関係なく、下の糸を引く力をゆっくりと次第に大きくしていくと、必ず上の糸が切れる（下の糸は切れない）。
2. 輪っかの質量が大きいほど、すばやく下の糸を引けば（瞬間的に大きな力を加えると）必ず下の糸が切れる（上の糸は切れない）。

このように、糸の引き方（力の加え方）で、上の糸や下の糸の切れ方が決まるというのです。しかも、輪っかの質量が大きいほど、その違いは顕著に出ます。糸を引く力が、そしてその引き方が上記1と2の分かれ目ですから、まずは両方の糸にかかる力の大きさに着目しましょう。図7は輪っかにかかる力を図示したものです。輪っかは静止していますから、これら3つの力の関係は次のようになります。ここでは上向きをプラスの向きとします。

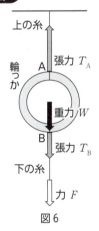

図6

輪っか（T_A、W、T_Bの関係）： $T_A - W - T_B = 0$ ・・・①

また、糸の質量が小さいとすると、下の糸について

下の糸（T_B、Fの関係）： $T_B - F = 0$ ・・・②

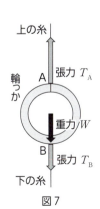

図7

が成り立ちます。下の糸にはたらく力は、図8に示したとおりです。①式でWは輪っかの質量にかかる引力（重力）です。そこで、上の糸と下の糸にかかる力、すなわち張力T_A、T_Bの大小関係は、①式から

$T_A - W - T_B = 0 \rightarrow T_A = W + T_B \rightarrow T_A > T_B$ ・・・③

となり、輪っかの重力Wの分だけ、上の糸にかかる力の方が下の糸にかかる力よりも大きいことがわかります。この問題のように金属製の輪っかの場合、この重力Wは相当に大きく、T_AとT_Bの差はますます広がります。また、②式より、下の糸を下向きに引っ張る力Fは張力T_Bと同じ大きさです。

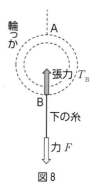

図8

以上から、下の糸を引きちぎろうとして力Fを大きくすればするほど、上の糸の方が下の糸よりも早く切れてしまうことになる。③式はそのことを物語っています。ましてや金属製の輪っかのように重いものほど、少しの力Fで上の糸が切れることになりかねません。①式や③式が成り立っている以上、力Fの大きさや、その引き方をいくら工夫しても上の糸を残したまま、下の糸だけを切ることは不可能なのです。

このように説明すると、先ほどの会話での美佳のように

「待ってください。これでは実験結果に反しています。実験では、すばやく下の糸を引いたとき、上の糸は切れずに下の糸だけが切れましたよ」

「金属製の輪っかのように、輪っかの質量を大きくすればするほど、下の糸の方が切れやすくなったじゃないですか」

という反発が必ず返ってきます。当然ですね。下の糸だけが切れるという事実は、①式や③式では説明がつかないのですが、「すばやく下の糸を引く」や「輪っかの質量を大きくする」、どうもこの辺りに①式や③式とは違う秘密が隠されているとは考えられないでしょうか。ポイントは、慣性の法則と輪っかのはたらきです。

質量には重力質量と慣性質量の2つの顔（二面性）がある

「瞬間的に大きな力を加えると、下の糸が切れることがある」という事実は、それまで静止を続けていた状態を無理やり打ち破り、下向きに落下させようとする力Fに対して、輪っかが抵抗としてはたらいたからだと考えてはどうでしょうか。この現状（静止の状態）を維持しようとする輪っかの抵抗力をWで表すと、輪っかにはたらく力の関係は図9のようになり、①式は

輪っか（T_A、W、T_Bの関係）：$T_A + W - T_B = 0$ ・・・④

となります。したがって、張力T_A、T_Bの大きさは

$T_A + W - T_B = 0 \rightarrow T_B = W + T_A \rightarrow \boxed{T_B > T_A}$ ・・・⑤

となり、③式とは違って、下の糸には上の糸よりも大きな力が加わるようになります。これならば、下の糸の方が上の糸よりも早く切れることになるという実験事実をきちんと説明できます。ここでのポイントは、下の糸を引く力を「徐々に大きくしていく」のではなく、「瞬間的に大きな力を加える」というように輪っかの運動状態に急激な変化を与えることにあっ

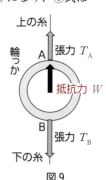

図9

たのです。

この瞬間的な力に対して、輪っか（質量）が抵抗としてはたらくことを保証しているのが慣性の法則です。この点に注意して、再度、慣性の法則を見てみましょう。

> 外部から力を受けないか、あるいは外部から受ける力がつり合っている場合には、静止している物体はいつまでも静止を続け、運動している物体は等速直線運動を続ける。

下線部分の「同じ運動状態を続けようとする性質」が慣性で、慣性という性質を担っているのが物体の質量（**慣性質量**）です。この慣性質量が、運動状態を急激に変えようとすると大きな抵抗としてはたらくことになるのです。実は物体の質量には、慣性質量とは別に**重力質量**というものがあります。重力質量とは、その名のとおり、その物体の質量に重力がはたらく、いわば重力が生まれる源となるものです。2 kgの物体には、1 kgの物体の2倍の重力がはたらくわけですね。

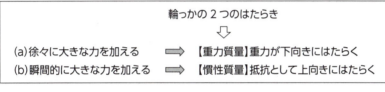

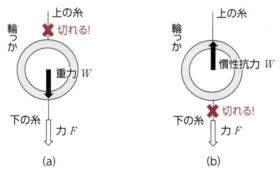

図10　輪っかの2つのはたらき

このように、慣性質量は現状を維持しようとして、外部からの力に対して「抵抗（**慣性抗力**）」としてはたらき、他方、重力質量は現状を変えようとする力を生じさせるはたらきを持っています。まさにこの2つの質量は正反対のはたらきをしているのです。力の加え方によって、あるときは慣性質量が頭をもたげ、またあるときは重力質量が利いてくるという二面性を質量は有しています。まるでジキルとハイドのような関係ですね。なお、慣性質量と重力質量の大きさの程度は10^{-11}の精度で一致することが実験的に確かめられています。

慣性の法則の本当の値打ち（慣性系の定義）

さて、これまで見てきた慣性の法則（運動の第1法則）が成り立つ世界を**慣性系**といいます。実は、慣性系以外では運動の法則（運動の第2法則）が成り立たないのです。だからこそ、慣性

の法則は第1法則（運動の法則のスタート）になりえたのです。では、どのような場合が慣性系なのでしょう。まずは、加速度運動している電車内での物体の動きから探ってみましょう。

例題3　大学入試問題：動いている電車内でのボールの落下
（2019年度大学入試センター試験／第4問（問2））

図11のように、直線の水平なレール上を動いている電車が大きさ a の一定の加速度で減速している。天井からおもりをつるした軽いひもを電車内から見ると、ひもは鉛直に対して角度 θ だけ傾いて静止していた。

電車内の少年が床面の点Oから高さ h のところでボールを静かに放すと、電車が減速している間にボールは床に落下した。ただし、重力加速度の大きさを g とする。

電車内で観測したとき、ボールの軌跡を表す図として最も適当なものを、①〜⑦のうちから一つ選べ（図は以下に示す）。

図11

正解▶ ⑤

例題のねらい　慣性の法則の本当のねらい（運動の法則の成り立つ世界）

加速度運動する列車内で、しかも車中にいる人から見たボールの軌跡として挙げられている図は、次の7つです。

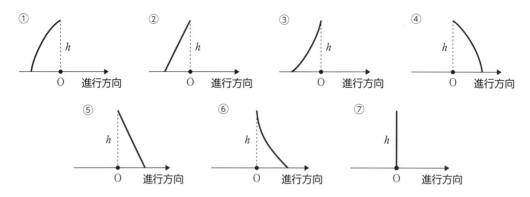

これら7つの軌跡は、分類すれば、⑦の鉛直方向の落下以外に

・進行方向に対して後方にずれる：直線を描く（②）か曲線を描く（①と③）
・進行方向に対して前方にずれる：直線を描く（⑤）か曲線を描く（④と⑥）

の2つになります。この問題、何をよりどころとして考えればよいのでしょうか。

私たちにとって身近な例で考えてみましょう。電車内、たとえば時速 300 km で走る新幹線の中でうっかり携帯電話を落としてしまったとき、携帯電話はどのような軌跡を描いて落下してい

くでしょうか。時速 300 km は、秒速では約 80 m です。車両の長さは約 25 m ですから、携帯電話が手から離れ 0.5 秒後に床に落ちたとすると、その間、新幹線は前方に 40 m 進んでいます。自分の乗っている車両から約 2 両離れたところに携帯電話が落下するなんて、あり得ないですね。携帯電話であれ、ボールペンであれ、おそらく、図11のボールのように、まっすぐに落下していくに違いありません。

そうすると、7つの選択肢のうち、⑦が求めるボール（携帯電話）の軌跡となります。私たちの経験に基づいた判断です。しかし、この判断は電車の運動状態に関わらずいつも正しいのでしょうか。この疑いからはじめることにします（探究「ガリレイの慣性原理」参照）。

ところで、図11では「電車の進行方向は右、加速度は左」と、電車の進む向きと加速度の向きとが反対なのですが、電車はどんな走り方をしているかイメージできますか。そう、駅に近づいたのでブレーキをかけている、そんなイメージなのです。このイメージがあるからこそ、「そうか、だから天井からつり下げられたおもりは右に傾いているんだ」というおもりの動きがわかるのです。図12のようにつり革を描いた図があれば、さらに実感をともなって伝わってきます。

図12

ボールの落下のようすを考える前に、例題3の解きほぐしとして、電車内のつり革、また図11の天井からつり下げられたおもりの運動について考えてみましょう。なお、解きほぐしでは、イメージしやすくするため、電車は進行方向に徐々に加速している場合を考えます。

例題3の解きほぐし　大学入試レベル問題：動いている電車内でのおもりの落下

図13で、もし、おもりをつり下げている糸が切れたら、<u>電車内から見ると</u>、おもりはどんな軌跡を描いて落下していくだろうか。<u>おもりにはたらいている力</u>を図示して、次の①〜④のうちから一つ選べ。電車は進行方向に徐々に加速しているとします。

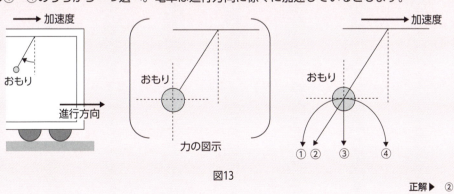

図13

正解 ▶ ②

解説　電車内から見た動きと外から見た動きの違い

　答えは②です。なぜ②なのかを知るには、電車内から見たおもりの運動を引き起こしている力についてはっきりさせる必要があります。おもりにはたらく力は、張力と重力の２つです。しかも、おもりは左に傾いているので、この２つの力の合力が、結果として、おもりを列車と同じ方向（右向き）に動かしていることになります。「おもりには運動状態を変化させる力がはたらいている」、これは、見ている人が電車内にいようが、外にいようがまぎれもない事実です。

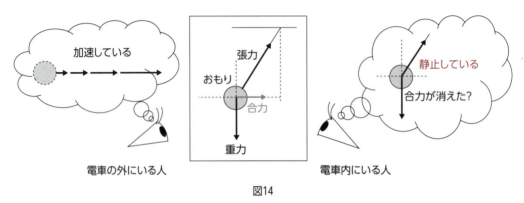

図14

　このおもりが左に傾いたという現象は、電車の外にいる人、電車内にいる人（おもりとともに加速度運動している人）の目にはどのように映っているのでしょうか。それぞれの言い分を聞いてみましょう。

【電車の外にいる人】おもりは電車と同じ加速度で運動している。
　張力と重力の合力がはたらいているので、この力によっておもりは電車と同じ加速度で動いている。
【電車内にいる人】おもりは自分の目の前で静止している。
　張力と重力の合力がはたらいているが、その合力を打ち消すような力（**慣性力**）がはたらいており、結局、おもりには力がはたらいていないのと同じだ。力がはたらいていないので、私の目の前でおもりは静止している（図15）。

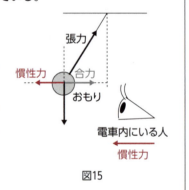

図15

　電車内にいる人の言う「合力を打ち消すような力（慣性力）」とはどのような力なのでしょうか。確かに、図16のように、電車が急発進したり、急ブレーキをかけたりしたとき、車内にいる人もまた天井からぶら下がっているおもりと同じように力を受けます。同図（a）の急発進の場合は、進行方向とは逆向きに押される力を、同図（b）の急ブレーキをかけた場合は、進行方向と同じ向きに押される力を感じます。

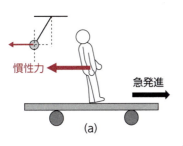
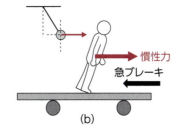

図16

　この力（慣性力）は、電車が等速度で走っている間は感じません。急発進や急ブレーキのように、急激な運動状態の変化にともなって感じる力です。例題2で扱った「慣性抗力」（外力に対して、物体をいまの状態にとどめておこうとする力）と同じですね。観測者が加速度運動しているときには、慣性力（**見かけの力**）を考える必要があるのです。

　さて、図17は例題3の解きほぐしで、おもりをつり下げている糸が切れてしまったようすを表していますが、このときおもりにはたらいている力は、電車内の人にとっては重力と慣性力の2つで、これらの合力は斜め左下向きになります。この力によっておもりは落下するのです。一方で、電車の外にいる人には慣性力などはたらきませんので、おもりにはたらく力は重力だけです。このとき、おもりは水平方向に投げ出された落下運動（水平投射）になります。

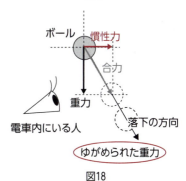

図17

　では、例題3のボールの動きに話を戻しましょう。電車内にいる人から見た例題3のボールにはたらく力は、図18のように、慣性力が水平右向きにはたらき、重力との合力が斜め右下向きになります。この斜め右下向きの力によってボールは落下します。よって例題3の正解は⑤です。このように、加速度運動している電車内では、重力の向きが慣性力によって鉛直下向きから斜め下方向にゆがめられ、このゆがめられた重力に沿ってボールが落下したと考えてもよさそうです。

　ここまで、例題3やその解きほぐしでは、電車の外にいる人には想像もできない慣性力という「見かけの力」を通して、車中でのおもりやボールの運動について考えました。

　一方で、電車内および外にいる人がともに確認できる本当の力は、重力と張力の2つです。そこで、おもりにはたらく力は重力と張力の2つだとして、もう一度、電車内外にいる人の言い分を聞いてみましょう。

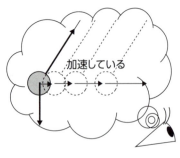

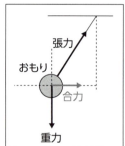

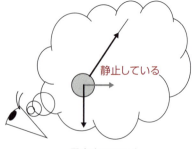

図19

二人の言い分の下線部分に着目しましょう。運動の第一法則（慣性の法則）では、物体に力がはたらかなければ（もしくは、はたらいても合力が0の場合には）、静止している物体は静止し続け、運動している物体は等速直線運動を続けるということでしたね。

電車の外にいて、静止または等速直線運動をしている人には、「電車の中のおもりには力がはたらいていて、電車と同じ加速度で等加速度運動している」と見え、慣性の法則は成り立ちます。つまり、慣性の法則が成り立つ世界（慣性系）にいるのです。

一方、おもりとともに加速度運動している電車内の人には、「電車の中のおもりには力がはたらいているにも関わらず、おもりは目の前で静止している」と見え、慣性の法則が成り立ちません。このように、観測者自身も加速度運動してしまっては、運動方程式での力と加速度との関係が正しくとらえられないのです。

だからこそ、ニュートンは運動の第1法則（慣性の法則）で慣性系の定義をし、第2法則（運動の法則）の前に置いたのです。「私はこのような世界（慣性系）で物体の運動を論ずるのだ」という宣言が第1法則だったのです。

ガリレイの相対性原理　ニュートンに物理を教えた男

慣性の法則に肉迫した男、それがガリレイです。ガリレイの発見した慣性原理を個々の運動する物体の性質から解き放ち、時空の性質へと広げたデカルト。力がはたらかない状態とは、いったいどのような運動状態なのか、この重要性に気づいたからこそ、ニュートンは慣性の法則を第1法則として掲げたのです。それでは、ニュートンやデカルトに先立って、慣性の法則に先鞭をつけたガリレイにフォーカスしてみましょう。ガリレイはなぜ慣性にこだわったのかがテーマです。

● 慣性の発見、それは地動説の決め手

「それでも地球は回っている」、この言葉は宗教裁判で有罪になったガリレイが法廷を出る際につぶやいた言葉だと言われています（図20）。ガリレイの見つけた慣性原理は、地動説が抱えていた解決しなければならない課題への最終回答だったのです。

天動説を唱えたプトレマイオス（85〜165、古代ローマ時代の数学者）は、実は天動説にそれほど固執していたわけではなく、事実、「地動説を主張する者もいるが、それには何ら反対する理由はない。天体の見え方については、地動説の方が簡単だから、事実としてそうであるといっても、おそらくよいであろう」とまで言い切っています。では、なぜ地動説に踏み切れなかったのでしょう。それは、天動説に対して地動説

図20
＜出典＞ジョセフ・ニコラ・ロベール・フルーリーによる 19 世紀の絵画「聖務日の前のガリレオ」、パブリック・ドメイン、https://commons.wikimedia.org/wiki/File:Galileo_before_the_Holy_Office.jpg

には決定的な不利があったのです。プトレマイオスは次のように指摘します。「地動説が正しいのなら、地球の猛烈な速さの自転のせいで、地球に固定されていないものは常に（自転とは逆向きの）西へと運動するように見えるはずだ」。しかし事実は雲の動きだって、また私たち自身も地球の自転による影響など受けていませんね。地動説が正しいのなら、地球の自転や公転の影響が出てくるはずなのに、なぜ出てこないのか。ガリレイは、「航行する船のマストからの物体の落下」という巧みな思考実験を駆使して「地球上での物体の運動（例えば落下運動）に、なぜ地球の自転の影響が現れないのか」に挑みます。

● ガリレイの慣性原理

「速度 v で水平方向に進む船上のマストから物体（球）を静かに放したとき、この物体はどのような運動をするだろうか」。船を地球に、そして物体を鳥や雲のように地上に固定されていないものと考えると、ガリレイのこの問いかけ（思考実験）は、まさにプトレマイオスの疑問に答えようとしたものとは考えられないでしょうか。プトレマイオスならば、きっと、図21のような図を描いて、「マストから離れた物体（球）は船の動きの影響を受けて、船の進行方向とは逆向きに落下していく」と答えるでしょうね。

しかし、ガリレイの答えは違っ

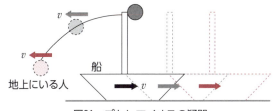

図21　プトレマイオスの疑問

ていました。物体が船上のマストから離れたとき、図22 (a) のように、物体もまた船と同様に右向きに速さ v で運動しており、地上にいる人には、物体が右向きに速さ v で投げ出された放物運動（水平投射）を行うように見える。他方、船上にいる人には、物体と船とは常に同じ速さ v で右向きに動くので、同図 (b) のように、物体が鉛直方向に自由落

下運動を行うように見える。しかも、このことは実際に実験をすれば容易に確かめられると指摘したのです。なにも船を持ち出さなくても、船を時速 300 km で走る新幹線に、また物体を携帯電話に置き変えれば日常よく目にする光景ですね（p116）。ガリレイの指摘が正しいことは明白です。

特に、同図 (b) の「船上にいる人には、物体が鉛直方向に自由落下するのが見える」という指摘は重要です。船が動いていようが静止していようが、船上にいる人にとって物体は同じ運動（自由落下）をすることになり、物体の運動だけを見ていても、船が等速度運動しているのか、静止しているのか判別がつかないのです。つまり、「物体（地球上の物体）は船の動き（地球の自転）の影響を受けないことになる」、こんな身近なところにプトレマイオスの疑問を解く鍵が潜んでいたのです。

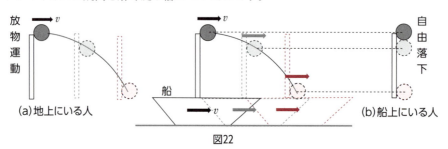

図22

ガリレイの思考実験によって、「船が止まっていても、また等速度で運動していても、船上にいる人にとって物体は同じ運動（自由落下）をする」、すなわち力学では「静止」と「等速度運動」とはまったく同等だということが明らかになったのです。これをガリレイの相対性原理と呼んでいます。

ガリレイの相対性原理によって、プトレマイオスの疑問は解消されました。それにとどまらず、このガリレイによって明らかにされた運動における物体のふるまい、すなわち物体の本性は、その後、ニュートンによって

　　静止と等速度運動には本質的な違いがないこと → 運動の第1法則（慣性の法則）

そして、このことを前提として

　　力は、速度ではなく、加速度を生む要因であること → 運動の第2法則（運動の法則）

へと受け継がれていくのです。

03 運動の第2法則：方程式で表される運動の世界

　慣性の法則が成り立つ世界（慣性系）を前提として、ニュートンの運動の法則は運動方程式 $ma = F$ という一つの式によって表すことができます。物体にはたらく力 F さえ与えられれば、運動方程式からただちに物体の運動を求めることができるのです。単純そうに見えるこの式のどこが偉大なのか、そしてどのように活用すれば物体の運動のすべてが読み取れるのかについて考えます。

加速度、質量、そして力の関係式

　「ニュートンの運動の法則なんて簡単さ。運動方程式を解きさえすればいいんでしょう」と思いがちなのですが、まずは次の例題を通して、運動方程式の3つの要素である質量、加速度、力の間に成り立つ関係について導きます。

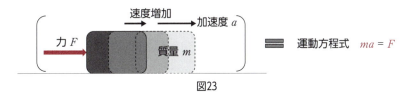

図23

例題4（問1）
大学入試問題：加速度、質量、力の関係
（2022年度大学入学共通テスト／物理第2問（問1））

　Aさんは、買い物でショッピングカーを押したり引いたりしたときの経験から、「物体の速さは物体にはたらく力と物体の質量のみによって決まり、(a) ある時刻の物体の速さ v は、その時刻に物体が受けている力の大きさ F に比例し、物体の質量 m に反比例する」という仮説を立てた。Aさんの仮説を聞いたBさんは、この仮説は誤った思い込みだと思ったが、科学的に反論するためには実験を行って確かめることが必要であると考えた。

問1 下線部（a）の内容を v、F、m の関係として表したグラフとして最も適当なものを、次の①〜④のうちから一つ選べ（図は以下に示す）。

正解 ▶ ④

例題のねらい 加速度、質量、そして力の関係（平面座標で3つの量を表すグラフの見方）

　Aさんだけでなく、私たちもショッピングカーを押したり、引いたりするときに、もっと速く動かしたいと思えば、加える力を大きくします。例えば、速さ2 m/sの車を3 m/sに加速させようとすれば、力を加えなければなりません。しかし、このことを「物体の速さは物体が受けている力の大きさに比例する」と言ってしまってもよいのでしょうか。加速させるには力が必要

ですが、2 m/s で走り続ける（等速直線運動です）には力は要りません。慣性の法則そのものです。例題4の下線部（a）は間違っているのですが、この例題が問うているのは内容の是非ではなく、Aさんの主張をグラフで表した場合、どのようになるかという表現についてです。

与えられたグラフは次の4つです。

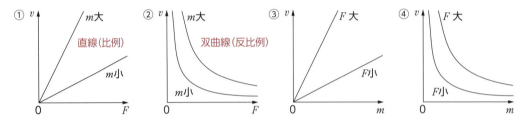

例えば選択肢①のグラフの場合、速度の大きさ（速さ）v と力 F の関係が右上がりの直線で表されています。比例の関係ですね。しかも、傾き一定の直線が2本あり、それぞれ「m 大」「m 小」と書かれています。したがって、力 F が一定のときは図24のように、

m 大 → 傾き大 → 速さ大
m 小 → 傾き小 → 速さ小 ➡ **速さは質量に比例する**

このように、速さと質量の関係（比例の関係）もまた読み取れるのです。選択肢①のグラフは「速さ v は、力 F にも質量 m にも比例している」となります。

では、選択肢④のグラフはどうでしょう。双曲線から速さ v と質量 m は反比例していること、さらに2本の反比例のグラフから、質量が一定のとき、速さ v は力 F と比例の関係にあることがわかります。結果として、「速さ v は、質量 m に反比例し力 F に比例している」というAさんの主張は選択肢④のグラフで再現できているのですが、言葉（文章）とグラフ、目に飛び込んでくる印象としてはグラフの方がよりインパクトがあるといってよいでしょう。

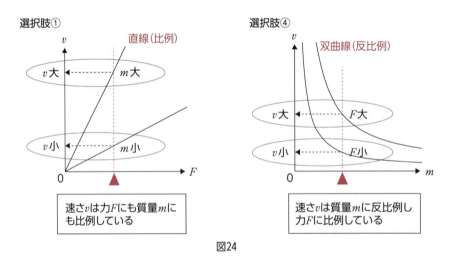

図24

引き続き、例題4の問2です。

例題4 (問2) 大学入試問題：加速度、質量、力の関係
(2022年度大学入学共通テスト／物理第2問（問2））

　Bさんは、水平な実験机上をなめらかに動く力学台車と、ばねばかり、おもり、記録タイマー、記録テープからなる図24のような装置を準備した。そして、物体に一定の力を加えた際の、力の大きさや質量と速さの関係を調べるために2通りの実験を考えた。

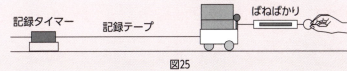

図25

【実験1】　いろいろな大きさの力で力学台車を引く測定を繰り返し行い、力の大きさと速さの関係を調べる実験

【実験2】　いろいろな質量のおもりを用いる実験を繰り返し行い、物体の質量と速さの関係を調べる実験

問2　【実験1】を行うときに必要な条件について説明した次の文章で、最も適当な語句をそれぞれ｛　｝で囲んだ選択肢から一つずつ選べ（文章、選択肢は以下に示す）。

正解▶　ア ①、イ ②

解説　解くための基礎・基本：理科の考え方としての条件制御

　例題4の問2は「力の大きさと速さの関係」を調べる【実験1】の実施上の注意点について聞いています。示されている文章と選択肢は、次のようなものです。

それぞれの測定においては力学台車を一定の大きさで引くため、力学台車を引いている間は、

ア ｛
① ばねばかりの目盛りが常に一定になる
② ばねばかりの目盛りが次第に増加していく
③ 力学台車の速さが一定になる
｝ようにする。　技法：ばねの引き方

また、各測定では、

イ ｛
① 力学台車を引く時間
② 力学台車とおもりの質量の和
③ 力学台車を引く距離
｝を同じ値にする。　方法：条件制御

　文章の前半は、力学台車に加える力を一定にするためのばねの引き方という**実験の技法**についてです。引く力の大きさはばねばかりの目盛りに表れますから、選択肢の①が正解です。

　後半は、**実験の方法**に関するもので、選択肢では②が正解となります。

　この例題のように、力学台車の速さを左右する「引く力」と「台車の質量」という複数の要因が関わっている場合、

【実験1】引く力と速さの関係を調べるとき、おもりをのせた台車の質量は一定にしておくというように、条件をコントロール（**条件制御**）することが大切です。引く力も台車の質量もともに変えてしまっては、何が速さを決める要因なのかが分からなくなってしまうからです。この条件制御という方法は、小学校5年生で学習する理科の考え方です。

続く問3は、「台車の質量と速さの関係」を調べる【実験2】についてです。ここでの条件制御を考えると、次のようになります。

【実験2】台車の質量と速さの関係を調べるとき、引く力は一定にしておく

大学入試問題：加速度、質量、力の関係
（2022年度大学入学共通テスト／物理第2問（問3））

【実験2】として、力学台車とおもりの質量の合計が

　ア：3.18 kg　イ：1.54 kg　ウ：1.01 kg

の3通りの場合を考え、各測定とも台車を同じ大きさの一定の力で引くことにした。

この実験で得られた記録テープから、台車の速さ v と時刻 t の関係を表す図26のグラフを描いた。ただし、台車を引く力が一定となった時刻をグラフの $t = 0$ としている。

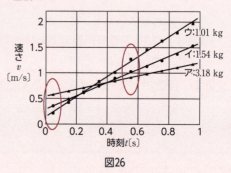

図26

問3 図26の実験結果からAさんの仮説が誤りであると判断する根拠として、最も適当なものを①〜④のうちから一つ選べ（①〜④は以下に示す）。

正解 ▶ ④

解説　解くための基礎・基本：実験結果の処理の仕方（グラフの活用）

図26の実験結果から読み取れる、「ある時刻での物体の速さは、物体の質量に反比例する」というAさんの仮説を否定する根拠として次の4点を挙げています。

① 質量が大きいほど速さが大きくなっている。　←　実験結果は途中で逆転している。

② 質量が2倍になると、速さは $\frac{1}{4}$ 倍になっている。　←　実験結果は途中で逆転している。

③ 質量による運動への影響は見いだせない。

④ ある質量の物体に一定の力を加えても、速さは一定にならない。

選択肢①と②は明らかに間違っていますね。

③の「質量による運動の影響」ですが、図27のように、台車を引く力が一定の下で、それぞれの質量で v-t グラフの傾き（加速度）が一定になっています。ア〜ウの質量の違いが速度ではなく、加速度に影響を与えていることが読み取れます。質量による運動への影響は見いだせることから、③も間違いとなります。

したがって、消去法によれば④が正解となります。では④は何を言わんとしているのでしょう

か。

「ある質量の物体に一定の力を加えても、速さは一定にならない」。

Aさんの力の大きさと速さについての仮説は「速さは、その時刻に物体が受けている力の大きさに比例する」というものでした。それぞれの質量の物体で (a) 力が一定ならば、速さはそれぞれ一定の値をとり、さらに (b) 質量が2倍になれば速さは半分になるというAさんの仮説が正しければ、図26は図28のようになるはずですね。図26と図28を見比べる必要もなく、実験結果、すなわち図26からは

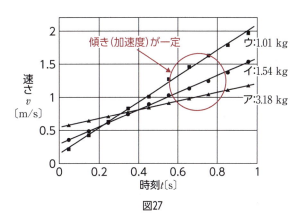

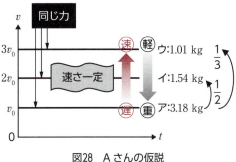

図28　Aさんの仮説

(a) 一定の力にも関わらず、速さは一定になっていない。（←選択肢④）

(b) 速さと質量は反比例の関係になっていない。

このように、Aさんの仮説は成り立たないことが読み取れます。Aさんの主張は、図26と選択肢③とから、「力が一定のとき加速度が一定になる」と修正すればよいのですが、しかし、力学台車の質量（m）と台車を引く力（F）とが、台車の動き（加速度（a））に対して、それぞれ具体的にどのように結びついているのでしょうか。いよいよ、運動方程式 $ma = F$ に迫ります。

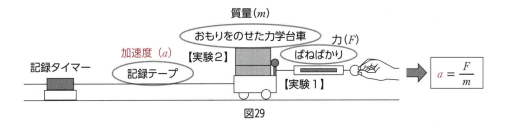

図29

● 例題4の【実験1】【実験2】から導けるもの

運動方程式は高等学校物理の範囲ですが、高校入試でもひんぱんに扱われています。例題4の2つの実験は、物体の運動（力学台車の運動）に台車を引く力や、また台車の質量が具体的にどのように影響するかを調べていますが、実験データが示されているのは【実験2】だけです（図26参照）。

そこで、まず【実験2】のデータから、物体の運動に対する質量の影響について見ていくことにします。図26から

127

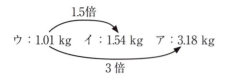

という質量の台車を、それぞれ一定の大きさの力で引いた結果、いずれの質量の台車も、図30のように等加速度運動していたことがわかります。v-t グラフの傾きが加速度の大きさを表すことから、質量に対する加速度の値は、表1のようになります。

図31と図32は、表1の a と m、また a と $\frac{1}{m}$ の関係をグラフに表したものです。特に、図30では a と $\frac{1}{m}$ が比例の関係にあることがわかります。グラフ化することで、細かなことはさておき、両者の関係を大きく把握することができる。これがグラフ化のメリットです。

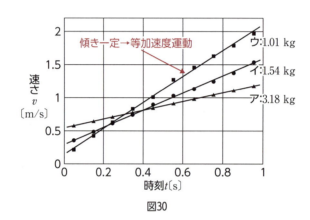

図30

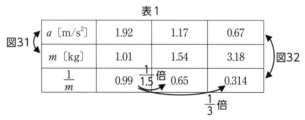

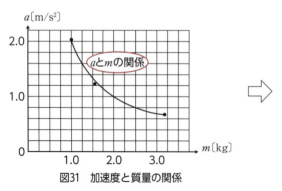

図31 加速度と質量の関係

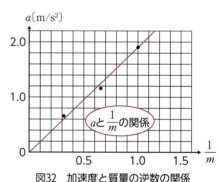

図32 加速度と質量の逆数の関係

では、【実験1】の質量一定の下での加速度と加える力の関係はどうでしょう。残念ながら図26のような具体的なデータが与えられていないので、ここでは物理の教科書のデータを参考に、結果のみを示しておくことにします。

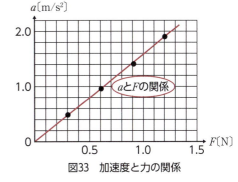
図33　加速度と力の関係

表2

a〔m/s²〕	0.6	1.2	1.75	2.4
F〔N〕	0.3	0.6	0.9	1.2

　図33は、台車の質量を540gと一定にして、0.3N～1.2Nの力で引いたときの台車の加速度を表していますが、グラフの形から、加速度aと加えた力Fは比例の関係にあることがわかります。

● 2つのグラフからの帰結（運動方程式への導き方）

　【実験1】【実験2】の結果をどのようにまとめればよいのか、またそれをどのように処理すれば目指す運動方程式（$ma = F$）にたどり着けるのかを次の流れ図（図34）に示しました。

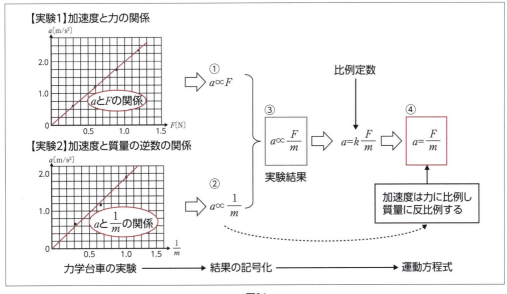
図34

　図34中の①、②は、実験結果を記号化したものです。記号「A ∝ B」は「AはBに比例している」ことを表しています。言葉で表現すれば「加速度は、加えた力に比例し、質量の逆数に比例（→質量に反比例）する」となり、①、②式を一つにまとめたものが③式です。③式は、実験結果をまとめたもので、まるで数式のように見えますが、このままでは言葉で表現したものと大差ありません。そこで、次のように比例定数kを使って定性的表現から定量的表現に書き換えます。【実験1】【実験2】の結果を数式で表現しようというわけです。

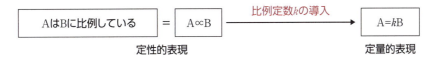

比例定数kの導入によって、加速度が力や質量にどれくらい強く比例（反比例）しているのかという、比例の程度が扱えることになり、量の規定が可能になります（図35）。ところで、最終ゴールの④式には比例定数kが見当たりません。kの値を1にしたのですが、このようにすることで、kを式の上から消し去ることができます。比例定数kを1にするには，「質量1 kgの物体に1 m/s^{2}の加速度を生じさせるような力を1 N（ニュートン）と定める」、このように力の単位を新たに設けなければなりません。加速度に〔m/s^2〕、質量に〔kg〕、そして力に〔N〕という単位を用いることで、実験1と2は④式という一つの式で表すことができるのです。

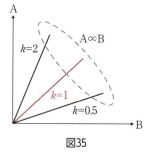

図35

加速度〔m/s^2〕
質 量〔kg〕
力 〔N〕←新しい力の単位の導入

このようにして導かれた式（④式）、または$ma = F$を**運動方程式**と呼んでいます。新しい力としてN（ニュートン）を定義しましたが、Nの中身は運動方程式からkg・m/s^{2}だとわかります。この質量と加速度の単位で構成されたものを記号Nで表し，力の単位として導入したのです。

運動方程式を用いれば、物体の運動をより詳細に求めることができます。次の大学入試問題から、運動方程式の使い方についてのイメージをつかみましょう。

例題5　大学入試問題：運動方程式の活用

（2019年度大学入試センター試験／物理基礎第1問（問2）、一部改変）

図36のように水平な床があり、点Aと点Bの間はあらい面に、それ以外はなめらかな面になっている。左側のなめらかな面の上を等速度ですべってきた小物体が、時刻$t = 0$ sで点Aを通過し、その後、時刻t_B〔s〕で点Bを通過した。小物体の速度v〔m/s〕と時刻t〔s〕の関係を表すグラフとして最も適当なものを、下の①～④のうちから一つ選べ（①～④は以下に示す）。ただし、図36の右向きを速度の正の向きとし、あらい面と小物体との間の動摩擦係数は一定であるとする。

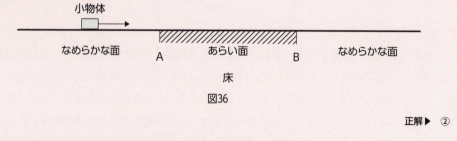

図36

正解 ▶ ②

例題のねらい　運動の決定（運動方程式の活用例）

問題としては、なめらかな床面を等速度ですべってきた小物体の、その後の運動のようすを与

えられた、次の①〜④の4つの v-t グラフから求めることになるのですが、ここでは、運動方程式を使って詳細に求めてみましょう。

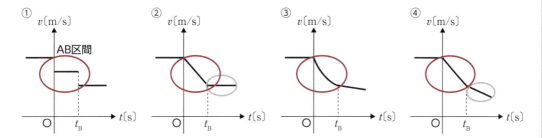

注目すべき点は、摩擦がはたらく AB 区間（v-t グラフ中の赤色の丸）と、B 点を通過した後（v-t グラフ中のグレーの丸）の小物体の動きです。第3章でみたように、物体に力がはたらくと運動状態が変化します。加速度が生まれるわけです。したがって、まずは着目している物体にはたらく力を正確に見極める必要があります。これが、運動方程式活用の**ステップ1**です。

続く**ステップ2** **ステップ3**にしたがって運動の決め手になる加速度を求めます。

まずは、あらい面（AB 区間）を通過する小物体についてです。以下、床と小物体との間の動摩擦係数を μ' とします。

ステップ1 **力の発見**：物体にはたらく力を図示する。

○運動方向（x 方向）の力

　動摩擦力：$\mu'N$

○運動方向と垂直な方向（y 方向）の力

　重力：mg と垂直抗力：N

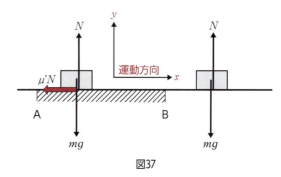

図37

ステップ2 **運動方程式**：運動方向（x 軸方向）、y 軸方向について運動方程式を立てる。

○x 方向の加速度を a とする　⟹　$ma = -\mu'N$ ・・・①

○y 方向は静止しているので加速度は0　⟹　$0 = N - mg$ ・・・②

○①、②式から x 方向の加速度を求める　⟹　$a = -\mu'g$ 　・・・③

ステップ3 **v-t グラフ、x-t グラフの活用**：任意時間後の速さと位置を求める。

○加速度は v-t グラフの傾き

$a = -\mu'g$ から、AB 区間の v-t グラフは<u>右下がりの直線</u>となる。

B 点を通過後の x 方向の運動方程式は、小物体と床面との間には動摩擦力がはたらかないので $ma = 0$。加速度は $a = 0$ となり、v-t グラフは<u>傾き0の直線</u>となります（図38）。

以上の考察から、選択肢②が求める v-t グラフとなるのですが、B 点を通過するときの小物体の速さ v_B や、AB 間の距離（A 点を基準とした B 点の位置）についても、具体的に求めることができます。これが、運動方程式の強みです。

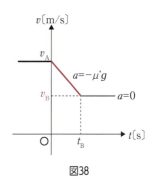

図38

131

> A 点を通過するときの小物体の速さを v_A とする。AB 間の加速度は運動方程式より $a = -\mu' g$ （③）であるから、B 点を通過する小物体の速さ v_B、また AB 間の距離 x_{AB} は、以下のようになる。
>
> $$v_B = v_A - \mu' g \times t_B, \quad x_{AB} = v_A \times t_B - \frac{1}{2}\mu' g \times t_B^2$$

AB 間での物体の加速度は、動摩擦係数 μ' を用いて $-\mu' g$ と表せました。問題文には「動摩擦係数は一定である」という条件が付けられています。では、もし AB 間で動摩擦係数が変化すればどうでしょう。このとき、加速度 $-\mu' g$ は一定にならず、選択肢③のような可能性も出てきます。

ところで、選択肢③のグラフですが、v-t グラフの接線の傾きが、その瞬間での加速度の値でしたので、A 点から B 点に進むにつれて、接線の傾きが小さくなっており、加速度が徐々に小さくなっていることがわかります（図39）。これは、動摩擦係数 μ' が A 点付近では大きく、B 点付近では小さくなっているのです。動摩擦係数が一定ではなく、大から小に緩やかに変化すれば、求める AB 区間でのグラフの形は③のようになるのです。このように、問題文につけられた条件の意図もまた、運動方程式を解いたからこそ見えてくるのです。

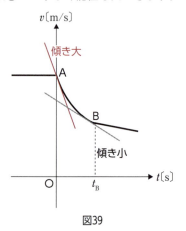

図39

04 運動の法則の活用例：落下運動からばねの振動まで

運動方程式を活用すれば、斜面上の物体の運動や落下運動、またばねの規則正しい往復運動など、さまざまな運動について、物体は何秒後にどこにいるかなどを求めることができます。その際の活用のしかたが、前述の「運動方程式を解くための3つのステップ」です。以下、大学入試問題を用いて活用の実際を示します。

例題6　大学入試問題：運動方程式の活用（その1）
（2008年度大学入試センター試験／物理Ⅰ第1問（問4））

図40のように、水平な床の上に質量 M の直方体の台があり、その上に質量 m の小物体がのっている。台を力 F で水平に引っ張ったところ、台は動きだして、小物体は台上を滑りだした。このときの台の加速度 a はいくらか。正しいものを、下の①～⑧のうちから一つ選べ。ただし、台と小物体の間に摩擦はなく、台と床の間の動摩擦係数を μ とする。また、重力加速度の大きさを g とする。

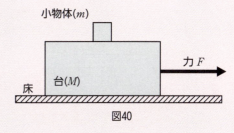

図40

① $\dfrac{F + \mu Mg}{M}$　② $\dfrac{F + \mu Mg}{M + m}$　③ $\dfrac{F - \mu Mg}{M}$　④ $\dfrac{F - \mu Mg}{M + m}$

⑤ $\dfrac{F + \mu (M+m)g}{M}$　⑥ $\dfrac{F + \mu (M+m)g}{M + m}$　⑦ $\dfrac{F - \mu (M+m)g}{M}$　⑧ $\dfrac{F - \mu (M+m)g}{M + m}$

正解▶ ⑦

例題のねらい　運動の決定（運動方程式の活用例）、まずは力の発見

「摩擦のある床面上に台を置き、水平右向き（x方向とする）に力 F を加えて引っ張ったら、小物体は台上を左向きに滑りだし、台は右向きに加速度運動した」という設定です。求めるものは、床上を動きだした台の加速度です。

この問題を難しく感じるとすれば、それは台上の小物体の動きが、求める台の加速度運動にどのような影響を及ぼすかではないでしょうか。問題文の最初の下線部「小物体は台上を滑りだした」とは、小物体はいったい床や台に対してどのような運動をしていたのでしょう。加速度運動でしょうか、それとも等速度運動でしょうか。

力がはたらくと運動状態が変化します。換言すれば、運動状態が変化すれば、そこには力がはたらいているということです。したがって、台や小物体の運動（の変化）を知るには、それぞれどのような力がはたらいているかを調べればよいのです。これが、運動方程式による解法の **ステップ1**（**力の発見**）です。図41は、小物体、台、そして床を切り離し、それぞれどのような力がはたらいているかをわかりやすく示したものです。力の作用線もずらして表示していま

す。台や小物体の動きには直接関係しない鉛直方向（y方向）には重力や垂直抗力が、水平方向（x方向）には外力（力F）や動摩擦力がはたらいています。次の表3は、小物体、台それぞれにはたらいている力をまとめたものです。ここで、図中の垂直抗力①と③は作用反作用の関係にある点に注意しておきましょう。

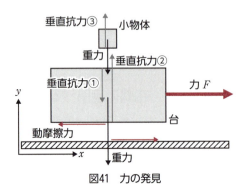

図41　力の発見

表3

	水平方向（x方向）	鉛直方向（y方向）
小物体	・**摩擦力ははたらかない** （問題文・下線部より）	・重力（$-mg$） ・台からの垂直抗力③（N_3）
台	・外力（F） ・床からの動摩擦力（$-f$） （$f = \mu \times N_2$）	・重力（$-Mg$） ・小物体からの垂直抗力①（$-N_1$） ・床からの垂直抗力②（N_2）

　小物体および台にはたらく力が、正負を含めて判明したので、いよいよ運動方程式を立てる段階 ステップ2（**運動方程式**）に入ります。まずは、小物体からです。

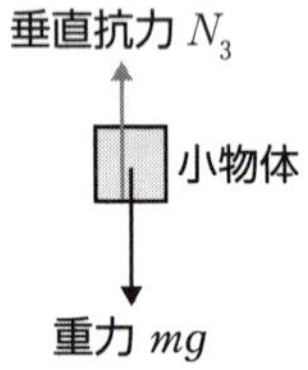

小物体 $\begin{cases} x\text{成分}：ma = 0 \cdots ① \implies \text{等速直線運動か静止} \\ y\text{成分}：-mg + N_3 = 0 \cdots ② \impliedby y\text{方向は静止} \end{cases}$

垂直抗力 N_3

小物体

重力 mg

図42

　水平方向（x方向）には力がはたらいていないので、①式から小物体は最初の状態、すなわち床から見て静止し続けることになります。また、問題の設定から鉛直方向（y方向）には運動していない（静止の状態）ので、つり合いの関係式（②式）が成り立ちます。

　次に台についてです。図43（台にはたらく力）から

台 $\begin{cases} x\text{成分}：Ma = F - f = F - \mu N_2 \cdots ③ \implies \text{等加速度運動} \\ y\text{成分}：-Mg - N_1 + N_2 = 0 \cdots ④ \impliedby y\text{方向は静止} \end{cases}$

　さらに、小物体と台の間にはたらく垂直抗力N_1とN_3には、作用反作用の関係から

　　　$N_1 = N_3 = mg \cdots ⑤$

が成り立っています。これら②式〜⑤式からN_2を与えられた文字（Mやmなど）で表し、③式に代入すればよいのです。

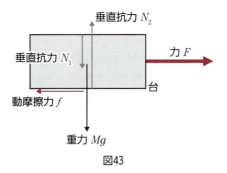

図43

> ③式より
> $$a = \frac{F - \mu N_2}{M}$$
> また、N_2 は②、④、⑤式より　$N_2 = Mg + N_1 = (M+m)g$
> よって、求める加速度は
> $$a = \frac{F - \mu N_2}{M} = \frac{F - \mu(M+m)g}{M}$$

　小物体の運動については問われていませんが、加速度が0、すなわち静止したままです。これは、問題文の下線部「小物体は台上を滑りだした」と矛盾しているようですが、しかし、等加速度運動している台からみれば、小物体は加速度（$-a$）でx負方向に等加速度運動しているように見えます。例題6は、台の加速度を求めるところで終わっていますので、**ステップ3**の出番はありません。

　小物体と台との間にはたらく摩擦を考慮すれば、小物体、また台の運動にどのような影響を与えるのでしょうか。まずは、美佳と啓介の話に耳を傾けてみましょう。

啓介と美佳の疑問

> **啓介**：　この問題では、小物体と台との間には摩擦がはたらかない、としている。摩擦によって、小物体は台の運動に影響を与えているんだから、摩擦がないってことは小物体については考えなくてもいいってことだよね。
>
> **美佳**：　小物体の存在は、鉛直方向にはその重力を通して、床と台との摩擦に影響を与えているから、啓介君の言う「小物体は考えなくてもよい」ことにはならないわね。でも、小物体と台との間の摩擦を考える場合と考えない場合を比較すると、どんな違いが出てくるのかしら。
>
> **啓介**：　ダルマ落としじゃないけど、台を引く力が小さい間は小物体と台は一緒になって運動する。でも、台を引く力をゆっくりと大きくしていくと……？
>
> **美佳**：　そう。いつかは台と小物体は違った運動をするようになる？
>
> **啓介**：　この違いって、運動方程式にどのように表れるんだろう。

啓介と美佳の疑問に答えよう〜小物体と台との摩擦を考慮した問題にチャレンジ〜

啓介のリクエストに応えて、台と小物体との間に摩擦（静止摩擦力と動摩擦力）がはたらく場合を考えてみましょう。次の問題は、例題6の設定を少し手直ししたものです。なお、ここでは簡単のため、床と台との摩擦は考えないことにします。

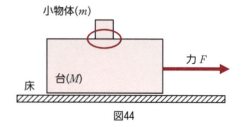

図44

なめらかで水平な床面上に台（質量 M）があり、台上には小物体（質量 m）がのっている。はじめ、台も小物体も床に対して静止していた。小物体と台との間の静止摩擦係数を μ、動摩擦係数を μ' とする。

問1 図44のように、台に力 F を加え続けたところ、台と小物体は一体となって運動した。このときの加速度 a はどのように表されるか。

問2 台に加える力を徐々に大きくしていくと、やがて小物体は台上を滑りだす。このときの力の大きさはいくらか。

問3 問2で求めた力よりも大きな力 F' を加えたとき、床に対する小物体の加速度 A、また床に対する台の加速度 B は、それぞれどのように表されるか。

まさに問1や問2に啓介や美佳の疑問（知りたいところ）が反映されています。ここでも「運動方程式を解くための3ステップ」で迫ることになります。まず、**ステップ1**（**力の発見**）ですが、図45には、小物体と台との間に静止摩擦力（図中の①と②）が描かれています。この2つの力は、作用反作用の関係から向きが反対で、等しい大きさの力です。この静止摩擦力については、大きさに限界があり、最大静止摩擦力（f_M で表します）を超えることはできません。実は、ここに問2を解く鍵があるのです。

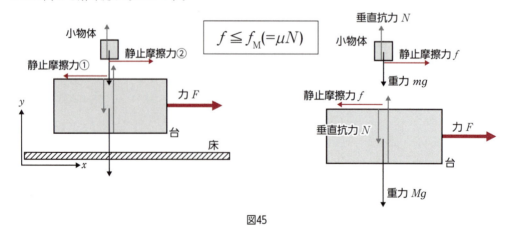

図45

図45の水平方向（x 方向）の力（向きと大きさ）に注意しながら、小物体、台それぞれについ

て運動方程式を立ててみましょう。

【問1】小物体、台の両者が同じ加速度で運動します。摩擦力の向きに注意です。

> 小物体、台がともに等しい加速度 a で運動する。小物体、台の運動方程式は
> 　小物体：$ma = f$　・・・①
> 　台　　：$Ma = F - f$　・・・②
> ①、②式を辺々加えると、$(M+m)a = F$　となる。
> よって、求める加速度 a は $a = \dfrac{F}{M+m}$

【問2】静止摩擦力 f には上限の値 f_M があります。この上限の値を最大静止摩擦力といい、静止摩擦係数 μ と垂直抗力 N との間には $f_M = \mu N = \mu mg$ の関係が成り立ちます。

> 小物体が台上を滑りだす直前の力を F_M とする。小物体、台の加速度 a は、問1より $a = \dfrac{F_M}{M+m}$ であり、この値を①式に代入する。また、このとき小物体と台との間の静止摩擦は最大静止摩擦力 f_M であるから
> $$ma = \dfrac{mF_M}{M+m} = f_M (= \mu mg) \quad \therefore \dfrac{mF_M}{M+m} = \mu mg \text{より、} \underline{F_M = (M+m)\mu g}$$

小物体と台との間の静止摩擦力は①式から、$f = \dfrac{m}{M+m}F$ と加える力 F によって増加します。しかし、静止摩擦力には限界があるため、その限界値（最大静止摩擦力）を超える力 F_M で引いた場合、小物体は台の上で等加速度運動することになるのです。このとき、小物体と台の間ではたらく摩擦力は動摩擦力です。動摩擦力 f' にはつねに $f' = \mu' N$ の関係が成り立っています（図46）。問3は、小物体、台それぞれの加速度の大きさを聞いています。

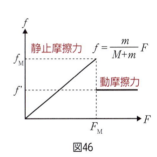

図46

【問3】力 F' を加えたとき、小物体と台の間にはたらく摩擦力は動摩擦力です。

> 力 $F'(\geqq F_M)$ を加えたとき、小物体は台上を等加速度運動する。このとき、小物体と台との間には動摩擦力 $f'(= \mu' N)$ がはたらく。したがって、小物体、台の運動方程式①、②は、それぞれ
> 　　$mA = f' = \mu' mg$,　$MB = F' - \mu' mg$
> よって、小物体、台の加速度は $\underline{A = \mu' g}$, $\underline{B = \dfrac{F' - \mu' mg}{M}}$ となる。

ここでは、台と床との摩擦の影響を考えませんでしたが、たとえ台と床との静止摩擦や動摩擦を考慮する場合でも、静止摩擦力が最大静止摩擦力を越えるかどうかが鍵になります。

さて、運動方程式の2つ目の活用例は、ばねの規則正しい往復運動です。ここでも力の発見が決め手です。ばねの規則正しい往復運動（単振動）を引き起こすには、どのような性質の力がは

たらいているのでしょうか。

> **例題7** 大学入試問題：運動方程式の活用（その2）
> （2018年度大学入試センター試験／物理第4問（問1、問2）、一部改変）
>
> ばね定数 k の軽いばねの一端に質量 m の小物体を取り付け、あらい水平面上に置き、ばねの他端を壁に取り付けた。図47のように x 軸をとり、ばねが自然の長さのときの小物体の位置を原点 O とする。ただし、重力加速度の大きさを g、小物体と水平面の間の静止摩擦係数を μ、動摩擦係数を μ' とする。また、小物体は x 軸方向のみ運動するものとする。
>
>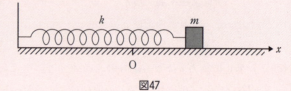
>
> 図47
>
> **問1** 小物体を位置 x で静かに放したとき、小物体が静止したままであるような、位置 x の最大値 x_M を表す式を書け。
>
> **問2** 次の文章中の空欄 ア 、 イ に入れる式を書け。
>
> > 問1の x_M より右側で小物体を静かに放すと、小物体は動き始め、次に速度が0となったのは時間 t_1 が経過したときであった。この間に、小物体にはたらく力の水平成分 F は、小物体の位置を x とすると $F = -k(x - \boxed{ア})$ で表される。この力は、小物体に位置 $\boxed{ア}$ を中心とする単振動を生じさせる力と同じである。このことから、時間 t_1 は $\boxed{イ}$ とわかる。
>
> **正解▶** 問1 $x = \dfrac{\mu m g}{k}$、問2 ア $\dfrac{\mu' m g}{k}$、イ $\pi\sqrt{\dfrac{m}{k}}$

例題のねらい　運動の決定（単振動を起こす力の性質）

問題の設定があらい水平面上（摩擦のある面）ではなく、なめらかな水平面上であれば、図48のように、ばねにつながれた物体は原点 O を中心に往復運動（単振動）します。このときの振動の中心は原点 O ですね。単振動は、水面に浮かんだ木片の上下運動などに見られる身近な自然現象で、より複雑な振動を考える上での基礎となるものです。

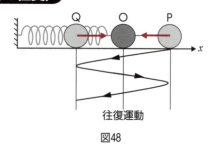

図48

単振動については後に扱うこととして（【理科の基礎知識：単振動】）、ここでは、摩擦のない水平面上での単振動と比べて、摩擦がはたらいた場合、運動方程式がどのように変化しているか、また、その変化した式から、振動の中心や速度の変化のようすについて調べましょう。

「運動方程式を解くための3ステップ」の **ステップ1**（**力の発見**）ですが、図49から物体にはたらく力は

○ 物体の変位（ばねの伸び）が**正**のとき、物体にはたらくばねの力は**負**の向き

○ 物体の変位（ばねの伸び）が**負**のとき、物体にはたらくばねの力は**正**の向き

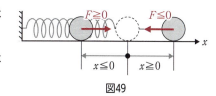

図49

となり、物体にはたらくばねの力は、常に物体を原点Oに戻そうとするはたらきがあることがわかります。しかも、この力の大きさは、ばねの伸びに比例しています。物体の変位（ばねの伸び）が大きければ大きいほど、原点Oに戻そうとする力も大きくなるわけです。このような力を**復元力**と呼んでいます。復元力 F を式で表せば、

復元力 F： $F = -kx$ $\begin{cases} x \geq 0 \text{ のとき } F \leq 0 \text{ （図50の点Pにはたらく力）} \\ x \leq 0 \text{ のとき } F \geq 0 \text{ （図50の点Qにはたらく力）} \end{cases}$

と表せます。復元力の比例定数 k は、ばねの場合、ばね定数（N/m）そのものです。したがって、原点Oから右に（正の方向）に x だけ伸びた点Pにある物体にはたらく力は $F = -kx$ で表され、運動方程式は

物体の運動方程式： $ma = -kx$ $\Longrightarrow$ $\boxed{a = -\dfrac{k}{m}x}$

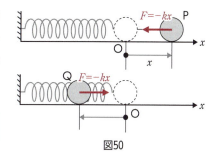

図50

となります。また、原点Oから左に（負の方向）に x だけ縮んだ点Qにある物体の運動方程式も同じ形で表されます。ばねにつながれた物体にせよ、また水面に浮かぶ木片にせよ、およそ単振動を起こす物体には復元力がはたらいており、運動方程式は $ma = -kx$ という形で表されるのです。

では、物体と水平面との間に摩擦力がある場合はどうでしょう。単振動の運動方程式はどのように表されるのでしょうか。ここでも、まずは**ステップ1**（**力の発見**）です。

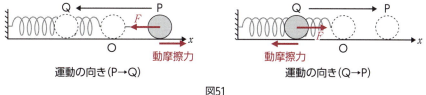

図51

図51の両図から、物体がPからQに運動しているときは動摩擦力は右向きに、また物体がQからPに運動しているときは左向きにはたらきます。このように、物体の運動の方向と動摩擦力の方向とは逆向きになっています。なお、動摩擦力は $\mu' mg$ で表されます。

この物体にはたらく力（復元力と動摩擦力）の向きを考慮すると、運動方程式は図51より

○ 物体の運動の向き（P→Q）のとき、$ma = -kx + \mu' mg$ ・・・①

○ 物体の運動の向き（Q→P）のとき、$ma = -kx - \mu' mg$ ・・・②

このように①式と②式で動摩擦力の符号が異なるのです。では、物体の運動がPからQに向

かっているときの振動の中心を求めてみましょう。

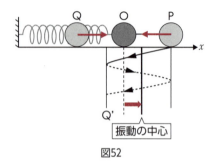

図52

> このときの運動方程式（①式）は次のように変形できる。
> $$ma = -kx + \mu'mg = -k\left(x - \frac{\mu'mg}{k}\right) \cdots ③$$
> 動摩擦力 $\mu'mg$ によって、<u>物体の単振動の中心が</u>
> $$x = 0 \text{ から } x = \frac{\mu'mg}{k}$$
> に移ったことがわかる。なお、単振動の中心では加速度の値は0であり、また物体の速度は最大値をとる。

　動摩擦力がはたらいた結果、振動の中心が原点から右に $\frac{\mu'mg}{k}$ だけ移動したわけですが、では、なぜ振動の中心が移動してしまったのでしょう。摩擦がはたらかないときは、原点Oに対してP点とは対称な位置にあるQ点まで物体は移動します。しかし、図52のように、動摩擦力のため、P点からQ点に向かう途中、物体はエネルギーを奪われ、Q点には到達できず途中のQ'点までしか進むことができません。私たちには、物体はP点とQ'点とを端点とした振動をしたと目に映るわけですね。P点の位置は変わりませんので、結果としてこのときの単振動の中心は原点Oから右に $\frac{\mu'mg}{k}$ だけずれ、摩擦のないときに比べて振幅の小さくなった単振動になります。③式はこのことを物語っています。もちろん、Q'点でUターンしてP点へ向かうときは、③式とは異なった運動になります。

　では、Q'点でUターンしP点に向かうときの物体の運動（新たな単振動）の中心はどうなるでしょうか。このときは、動摩擦力が負方向を向いた②式が出発点です。

> 運動方程式（②式）は次のように変形できる。
> $$ma = -kx - \mu'mg = -k\left(x + \frac{\mu'mg}{k}\right)$$
> 動摩擦力 $\mu'mg$ によって、<u>物体の単振動の中心が</u>
> $$x = \frac{\mu'mg}{k} \text{ から } x = -\frac{\mu'mg}{k}$$
> に移ったことがわかる。

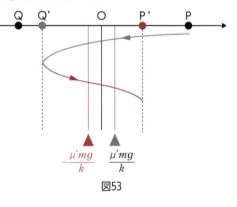

図53

　このときは、図53のように、Q'点でUターンして点Pに向かう（運動の向きは右向き）のですが、またもや動摩擦力によって物体の運動エネルギーが奪われ、物体はP'点にまでしか進むことができず、そこでまたUターンしてという運動を繰り返すことになります。そのたびごとに単振動の中心が入れ替わるのです。この運動はどこまで続くのか気になります。物体がUターンする所、すなわちQ点やQ'点、P'点では物体は一瞬静止します。そこから動き出すには、物

体に及ぼしているばねの力（弾性力）が静止摩擦力に打ち勝つ必要があります。問1では、そのときのばねの伸びを聞いています。したがって、Q点やQ'点、P'点の原点からの距離が、問1で求めた x_M より小さくなれば、そこで運動は終わるのです。

ばねの弾性力と最大静止摩擦力が等しくなる場所が求める x_M である。このとき、水平面と物体との間の静止摩擦係数が μ であるから

$$kx_M = \mu mg$$

が成り立つ。よって、$x_M = \dfrac{\mu mg}{k}$ が求める値となる。

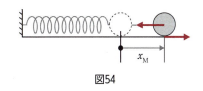

図54

例題7を締めくくるにあたって、P点（x_1）からスタートさせて、動摩擦力によって、振動の端点がQ'点（x_2）、P'点（x_3）・・・と移っていくのですが、この Q'点、P'点の座標 x_2、x_3 とスタート地点である P点の座標 x_1 との関係をみておきましょう（図55参照）。

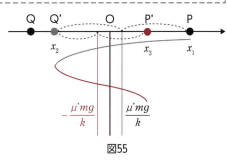

図55

P点とQ'点との中点が振動の中心、すなわち $x = \dfrac{\mu' mg}{k}$ であるから

$$\boxed{\dfrac{\mu' mg}{k} - x_2 = x_1 - \dfrac{\mu' mg}{k}} \quad \therefore \ x_2 = -x_1 + 2\dfrac{\mu' mg}{k} \quad \cdots ①$$

Q'点とP'点との中点が振動の中心、すなわち $x = -\dfrac{\mu' mg}{k}$ であるから

$$\boxed{x_3 - \left(-\dfrac{\mu' mg}{k}\right) = -\dfrac{\mu' mg}{k} - x_2} \quad \therefore \ x_3 = -x_2 - 2\dfrac{\mu' mg}{k} \quad \cdots ②$$

がそれぞれ成り立つ。したがって、Q'点とP'点の座標は

$$x_2 = -x_1 + 2\dfrac{\mu' mg}{k}, \quad x_3 = x_1 - 4\dfrac{\mu' mg}{k}$$

理科の基礎知識　単振動

単振動は、次の3つのいずれかで定めることができます。
（1）等速円運動している質点の y 軸上（または x 軸上）へ落とした影の運動
（2）加速度が $a = -\omega^2 x$ で表される質点の運動
（3）復元力 $F = -kx$（$k = m\omega^2$）がはたらく質点の運動

（1）～（3）は密接な関係にあります。これらの関係についてみてみましょう。図56は半径 A、角速度 ω で等速円運動している質点の y 軸上に落とした影の運動を表しています。

質点が円軌道に沿って運動するにつれて影の長さは変化しますが、その時間変化をグラフに表すと同図のようにサインカーブ（正弦曲線）を描きます。これが単振動の特色です。

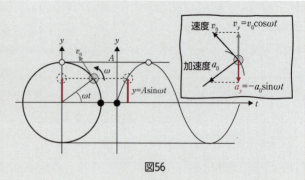

図56

では、質点の影の長さy、影の速さv_y、そして影の加速度a_yと、影のもとになった質点との関係を求めてみましょう。なお、等速度円運動では、角速度ωと接線速度v_0、加速度a_0の間には、$v_0 = A\omega$、$a_0 = A\omega^2$の関係が成り立つので、これらを考慮すると影の運動（単振動）は、以下のように表せます。同図のとおり、等速円運動の加速度とは速度の向きを変える加速度（向心加速度）を指しています。

> 影の長さ： $y = A\sin\omega t$ ・・・①
> 影の速度： $v_y = v_0\cos\omega t = A\omega\cos\omega t$ ・・・②
> 影の加速度： $a_y = -a_0\sin\omega t = -A\omega^2\sin\omega t$ ・・・③

①式と③式とから、単振動している物体（ここでは影の運動）の加速度と変位（位置の変化）には、$a_y = -\omega^2 y$が成り立ちます。単振動の加速度をa、また変位をxで表すと、加速度と変位の関係は$a = -\omega^2 x$となりますが、これは単振動の特徴である（2）の関係そのものです。ところで、単振動を表す運動方程式ですが、物体の質量をmとすると、

単振動の運動方程式：$F = ma$ → $F = m(-\omega^2 x) = -kx$ $(k = m\omega^2)$ ・・・④

このように単振動している物体にはたらいている力は、変位xに比例した大きさで、しかも変位とは逆向きの力、すなわち**復元力**なのです。復元力の大きさを示す比例定数kは、④式から等速円運動している物体の角速度ωと結びついており、この関係を用いれば周期などの時間の情報が得られます。

（例）**ばねにつながれた物体の運動**

ばね定数をkとすると、物体には復元力$F = -kx$がはたらいており、単振動の特徴（3）から物体は単振動をします。このときの周期（1振動する時間）Tはどのように表されるでしょうか。復元力の定数kは、ばねの場合はばね定数ですが、④式から角速度ωと物体の質量mを用いて$k = m\omega^2$と表せました。

> 復元力の比例定数kは、角速度ωと物体の質量mと$k = m\omega^2$の関係がある。これより、角速度ωは$\omega = \sqrt{\frac{k}{m}}$で表せる。
>
> したがって、周期Tは$T = \frac{2\pi}{\omega} = 2\pi\sqrt{\frac{m}{k}}$となる。

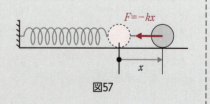

図57

運動方程式の数理的表現（数学の世界でとらえた運動方程式）

第4章の 探究 （p95）では、瞬間の速さを表す方法として x-t グラフでの接線の傾きというイメージに対して「微分」という表し方を考えました（図58（a））。加速度（瞬間の加速度）も同様で、v-t グラフでの接線の傾きとしての「微分」で表すことができます（図58（b））。

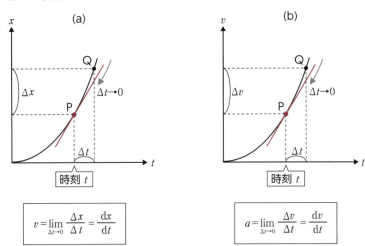

$$v = \lim_{\Delta t \to 0} \frac{\Delta x}{\Delta t} = \frac{dx}{dt}$$

$$a = \lim_{\Delta t \to 0} \frac{\Delta v}{\Delta t} = \frac{dv}{dt}$$

図58

ここでは、加速度の微分の形を用いて、運動方程式の「微分」による表現について考えましょう。図58によれば、瞬間の加速度は速度の変化率（速度の変化の割合）、また瞬間の速度は位置の変化率（位置の変化の割合）でしたから、瞬間の加速度は、位置の変化率の変化率（二重の変化率）とも考えられます。速度を介して位置の変化と加速度が結びついているのです。

$$\left. \begin{array}{l} v = \lim_{\Delta t \to 0} \dfrac{\Delta x}{\Delta t} = \dfrac{dx}{dt} \\[6pt] a = \lim_{\Delta t \to 0} \dfrac{\Delta v}{\Delta t} = \dfrac{dv}{dt} \end{array} \right\} \quad a = \left(\frac{dv}{dt} \right) = \lim_{\Delta t \to 0} \frac{\Delta}{\Delta t}\left(\frac{\Delta x}{\Delta t} \right) = \frac{d^2 x}{dt^2} \quad \cdots ①$$

したがって、運動方程式は①式の表現を用いれば次のように書き表すことができます。

$$ma = F \to \boxed{m\frac{d^2 x}{dt^2} = F} \quad \cdots ②$$

②式は微分の表現を用いた方程式で**微分方程式**と呼ばれています。この②式を用いて、落下運動や単振動などの問題を解くためには、力 F としてそれぞれの運動に適した力の形を代入する必要があります。

【落下運動】 $\quad F = mg \quad \to \quad m\dfrac{d^2 x}{dt^2} = mg \quad \to \quad \boxed{\dfrac{d^2 x}{dt^2} = g}$

【単振動】 $\quad F = -kx \quad \to \quad m\dfrac{d^2 x}{dt^2} = -kx \quad \to \quad \boxed{\dfrac{d^2 x}{dt^2} = -\dfrac{k}{m}x}$ $\quad \cdots ③$

ちなみに単振動を表す微分方程式③は、xを2回時間tで微分した結果、右辺にはまた元のxが現れています。これは三角関数（sin や cos）の特徴ですから、単振動の位置xは図56（**【理科の基礎知識：単振動】**）のように三角関数で表されることになるのです。

位置や速度、また加速度の関係は、次の流れ図（図59）のように示すことができます。微分（右向きの矢印）や積分（左向きの矢印）を駆使すれば、運動方程式を数理的に解くことができます。

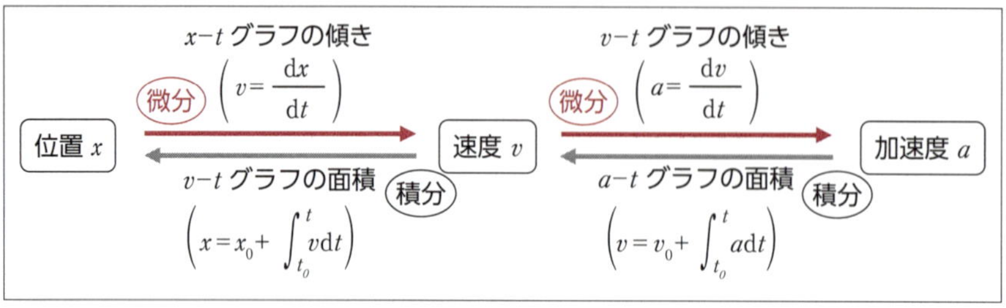

位置 x
速度 v
加速度 a
微分
微分
積分
積分
x−t グラフの傾き
$\left(v=\dfrac{dx}{dt}\right)$
v−t グラフの傾き
$\left(a=\dfrac{dv}{dt}\right)$
v−t グラフの面積
$\left(x=x_0+\int_{t_0}^{t} v\,dt\right)$
a−t グラフの面積
$\left(v=v_0+\int_{t_0}^{t} a\,dt\right)$

図59

次の章では、これまでのような「物体にはたらく力を求め、運動方程式に代入し、加速度や速度、また位置を求める」という細かな作業によらなくても、物体の運動の大きな性質に着目することで物体の位置や速度を求められることを考えます。

物体の運動の大きな性質は**保存則**と呼ばれていますが、速度や位置が変化しても変化しない物理量（運動量や力学的エネルギー）が存在します。このことを、運動方程式（②式）から探ってみましょう。いま、物体の質量が一定で、力がはたらいていない場合を考えます。このとき、②式から

$$m\frac{d^2x}{dt^2}=F \rightarrow \frac{d(mv)}{dt}=0 \rightarrow mv=\boxed{\text{時間に依存しない（一定値）}}$$

となり、運動を通して、mvは変化せず一定に保たれることがわかります。質量と速度を掛けたmvは**運動量**と呼ばれる物理量で、例えば2つの小球が摩擦のない水平面上で衝突する際、衝突の前後でそれぞれの小球の運動量は変化します（衝突中に力を及ぼし合っています）が、2つの小球の運動量の和は変化しないのです（衝突の際の力は内々の力なので、外から加えられた力ではありません）。

B
A
衝突前
−F
F
B
A
衝突中
B
A
衝突後

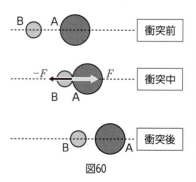

図60

第六章

もう一つの運動の表し方

～保存則の世界～

6

01 運動量保存の法則の威力：
はじめに運動の激しさがあった

力をめぐる熱き戦い（運動量や運動エネルギーはニュートン以前から存在していた）

　力は、ニュートンによって、はじめて「物体の運動状態を変える要因、すなわち加速度を生じさせる『外的な作用』」として定義されました。しかし、どうでしょう。私たちが力をイメージするとき、

　① ある力で、<u>10秒間</u>、物体を押した。
　② ある力で、<u>10メートル</u>、物体を押した。

というように、ある時間で、またはある距離を、など、「ある間隔」ではたらかせた力をイメージしているのではないでしょうか。「時間0の瞬間だけ力をはたらかせた」とか、「距離0の移動で力を考える」なんてかえってナンセンスですよね。物体にはたらかせた力をfとすると、①の場合、この力は「$f \times t$（時間）」と表現でき、②の場合「$f \times s$（距離）」と表現できます。じつは、このようなとらえ方で力を考えた先人がいたのです。それがデカルトと、ライプニッツ（微積分の発見者）です。

　デカルトは、「mv（質量×速度）」を**運動の量**と名づけ、力と定義しました。また、ライプニッツは、「mv^2（質量×速度の2乗）」を**活力**と名づけ、デカルトの考え方を批判したのです。

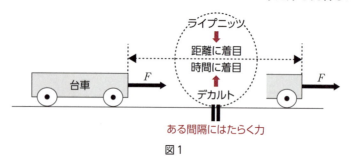

図1

　現在、私たちは

　　　mv（質量×速度）は**運動量**、　mv^2（質量×速度の2乗）は**運動エネルギー**

で、これらはともに力そのものの表現ではないことを知っていますし、また、高等学校では

　　　mv（**運動量**）＝ $f \times t$（**力積**）
　　　mv^2（**運動エネルギー**）＝ $f \times s$（**仕事**）

として、運動量や運動エネルギーと力との関係について学習します（ライプニッツが考えた活力に2分の1という係数を加えた物理量が運動エネルギーにあたります）。

　デカルト、またライプニッツが考えた力のイメージは、「ある時間、物体を押す」、「ある距離、物体を押す」というある間隔ではたらく力だったのです。そして、これらの物理量が現在では運動量や運動エネルギーとして重要なはたらきを担っています。

　この重要なはたらきとはどのようなものか、以下、運動量と運動エネルギーや位置エネルギーについて、本章のテーマである保存の法則を中心に学びましょう。では、早速、運動量と運動エネルギーとの違いについて、大学入試センター試験からの出題です。

大学入試問題：運動量と運動エネルギー
(2018年度大学入試センター試験／物理 第1問（問1））

図2（a）のように、速さ v で進む質量 m の小物体が、質量 M の静止していた物体と衝突し、図2（b）のように二つの物体は一体となり動き始めた。一体となった物体の運動エネルギーとして正しいものを、下の①〜⑨（省略）のうちから一つ選べ。ただし、床は水平でなめらかであるとする。

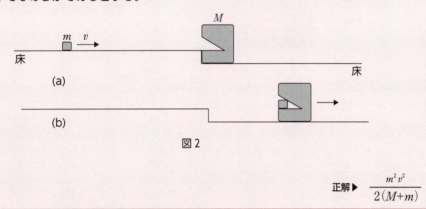

図2

正解 ▶ $\dfrac{m^2 v^2}{2(M+m)}$

例題のねらい　運動量と運動エネルギーを見極める

　質量 m の小物体と質量 M の物体の衝突現象を、運動方程式を立てて解こうとすると、「衝突の際、小物体にはどのような力がはたらいたか」、また「衝突に要した時間はどれくらいか」という情報が必要になってきます。そもそも小物体が物体から受ける力は一定なのか、それとも変化するのか（p151）、このようにはたらく力一つとってみても非常に複雑で、これまでのように運動方程式から加速度を求めることはできそうにもありません。では、このような衝突現象には手も足も出ないのでしょうか。そこで登場するのが力とその力がはたらいた時間とをひとまとめにして扱う、デカルトが生み出した**運動量**（運動の激しさ）という考え方です。

　例題の解説の前に、この運動量と運動方程式の関係について見ておきましょう。

● 運動方程式と運動量の関係

　図3のように、物体に力 F がはたらき、速度 v_1 が時間 Δt 後に v_2 に変化したとしましょう。このときの運動方程式は、

$$ma = F \implies m\dfrac{v_2 - v_1}{\Delta t} = F \cdots ①\qquad\qquad \boxed{加速度\ a}\ \ a = \dfrac{v_2 - v_1}{\Delta t}$$

物体の質量は力 F によって変化しないと仮定すると、①式は次のように変形できます。

$$\dfrac{mv_2 - mv_1}{\Delta t} = F \implies mv_2 - mv_1 = F \times \Delta t \cdots ②$$

　②式は単に①式の変形に過ぎないように見えますが、実は物体に力 F が時間 Δt 作用したとき、速度でも質量でもない物体の「質量×速度」という新たな物理量が変化したことを表してい

ます。この質量と速度の積で表される物理量は、いわば運動の激しさを表すものであり、これが運動量の正体です。速度が小さくても物体の質量が大きい、例えば低速で走る大型トラックなどですが、私たちの傍らを通り過ぎるとき運動の激しさを感じます。このように、運動の激しさは速度だけではなく、物体の質量にも関係しています。

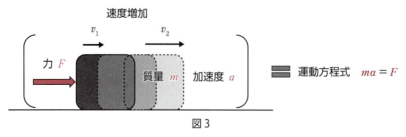

図3

● 運動量保存の法則

運動量が本領を発揮する場面の一つが、例題1でも扱われている**衝突現象**です。図4のように、小球A（質量 m）が相対速度 $v_1 - V_1$ で小球B（質量 M）に追突し、その後、追突された小球Bが相対速度 $V_2 - v_2$ で小球Aから遠ざかっていく場合を考えてみましょう。衝突の際に小球A、Bが受ける力は、作用反作用の法則からお互い向きは逆ですが、大きさはともに F です。このときの小球A、Bの運動量の変化を表す②式はそれぞれ次のようになります。なお、右向きを正とします。

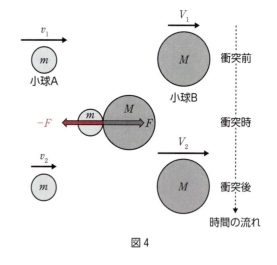

図4

○ 小球Aの運動量の変化

$$mv_2 - mv_1 = -F \times \Delta t \cdots ③$$

○ 小球Bの運動量の変化

$$MV_2 - MV_1 = F \times \Delta t \cdots ④$$

ここで、③式と④式を足し合わせると、

運動量保存の法則

$$mv_2 - mv_1 + MV_2 - MV_1 = 0 \Rightarrow \underbrace{mv_1 + MV_1}_{\text{衝突前の運動量の和}} = \underbrace{mv_2 + MV_2}_{\text{衝突後の運動量の和}} \cdots ⑤$$

小球A、Bは力を受けているので運動の激しさ（運動量）は変化しますが、<u>小球AとBを一体として扱うと</u>、衝突の前後でトータルの運動量は変化しないのです。衝突の際の小球A、Bが

受けている力は、摩擦力など小球 A、B 以外のものから受けている力（**外力**）ではなく、内々の力（**内力**）だからこそ衝突の前後でトータルの運動量は保存するのです（p161の探究）。「内力のみが作用するとき、トータルの運動量は保存する」、これが運動量保存の法則です。

さて、これで準備は整いました。例題1でも小物体と物体はお互い力を及ぼし合いますが、それ以外の、例えば床からの摩擦力などは受けていません。運動量保存の法則は成り立っています。

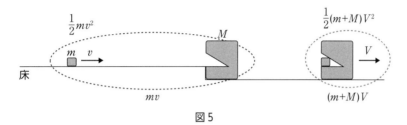

図5

衝突後の合体した物体（質量 $m + M$）の運動エネルギー $\frac{1}{2}(m+M)V^2$ を求めるには、合体後の物体の速度 V がいくらなのかを知る必要があります。そこで、小物体や物体についてわかっていること（情報）を運動量保存の法則（⑤式）にあてはめればよいのです。

$$mv + 0 = (m+M)V \implies V = \frac{mv}{m+M} \quad \therefore \quad \frac{1}{2}(m+M)V^2 = \frac{m^2v^2}{2(m+M)}$$

衝突前に持っていた小物体の運動エネルギーは $\frac{1}{2}mv^2$ ですから、この衝突（2物体の合体）によって運動エネルギーは保存されません。衝突後の運動エネルギーは衝突前の運動エネルギーに比べて

$$\frac{m^2v^2}{2(m+M)} = \frac{m}{m+M}\left(\frac{1}{2}mv^2\right) < \frac{1}{2}mv^2$$

となり、前にかかっている係数の分だけ小さくなっています。このように、2物体の衝突、特に合体では運動量は保存しますが、運動エネルギーは保存しないのです。では、どのような場合に運動エネルギーは保存するのでしょうか。このテーマは次の項で扱いましょう。ここでは、衝突の際に及ぼし合う力の特徴について見てみましょう。

例題2 大学入試問題：力積
(2018年度大学入学共通テスト試行調査／物理 第2問（問3）、一部改変)

高校の授業で、衝突中に2物体が及ぼし合う力の変化を調べた。力センサーのついた台車A、Bを、水平な一直線上で、等しい速さ v で向かい合わせに走らせ、衝突させた。センサーを含む台車1台の質量 m は 1.1 kg である。それぞれの台車が受けた水平方向の力を測定し、時刻 t との関係をグラフに表すと図6のようになった。ただし、台車Bが衝突前に進む向きを力の正の向きとする。

次の文章は、この実験結果に関する生徒たちの会話である。生徒たちの説明が科学的に正しい考察となるように、文章中の空欄ア、イに入れる式を求めよ（生徒たちの会話は後述）。

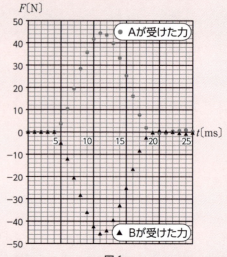

図6

正解 ▶ ア $2mv$、イ $\dfrac{1}{2}f\Delta t$

例題のねらい 運動量と運動エネルギーを見極める

生徒たちの会話とは、次のようなものです。

「短い時間の間だけど、力は大きく変化していて一定じゃないね。」

「そのような場合、力と運動量の関係はどう考えたらいいのだろうか。」

「測定結果のグラフの $t = 4.0 \times 10^{-3}$ s から $t = 19.0 \times 10^{-3}$ s までの間を2台の台車が接触していた時間 Δt としよう。そして、測定点を滑らかにつなぎ、図7のように影をつけた部分の面積を S としよう。弾性衝突ならば、$S =$ ［ ア ］ が成り立つはずだ。」

「その面積 S はグラフからどうやって求めるのだろうか。」

「衝突の間にAが受けた力の最大値を f とすると、面積 S はおよそ ［ イ ］ に等しいと考えていいだろう。」

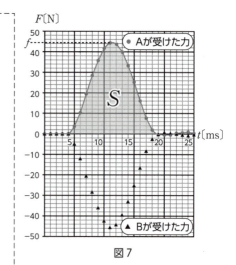

図7

図6や図7は台車A（または台車B）が受けた力の時間変化を表しています。この力は確かに、大きく変化しています。一定な大きさの力ではありません。また、この力が作用した時間も千分の一秒という非常に短い時間です。短時間に作用する大きな力を**撃力**と呼んでいますが、この間の加速度の大きさを正しく見積もることは不可能だと言ってもよいでしょう。ボールをバットで打ち返すとき、バットがボールに与える力も撃力ですね。

そこで着目するのが $f-t$ グラフの面積です。この面積は**力積**と呼ばれ、力と時間の積で表されますが、実はこの面積として可視化された作用によって台車やボールの運動量は変化したのです。③式や④式の右辺の $F \times \Delta t$ がこの面積（力積）に相当します。

$$\text{運動量の変化}\,(mv_2 - mv_1) = \text{力積}\left(\int_{t_1}^{t_2} F(t)\,dt\right)$$
$$\underbrace{}_{f-t\,\text{グラフの面積}}$$

生徒たちの会話に**弾性衝突**という言葉があります。衝突には様々な種類があるのですが、この弾性衝突が運動エネルギーも保存する衝突で、その際、図8のように台車の速度の大きさは変わらず向きだけが変化します。また、運動量の変化が力積（$f-t$ グラフの面積）に等しいことから、空欄 ア の解答は次のようになります。

弾性衝突の場合、速度の向きだけが逆転する。台車が受ける力の向きは負方向であるから、運動量の変化と力積の関係は次のようになる。

$$m(-v) - mv = -\int_{t_1}^{t_2} F\,dt = (f-t\,\text{グラフの面積})\,S$$

よって、$S = 2mv$

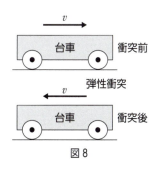

図8

このように、なにも積分を持ち出してきて面積計算をしなくても力積（$f-t$ グラフの面積）は運動量の変化に等しいという関係を用いれば、簡単に求めることができるのです。

台車が受けた力のようすを見ると、図9から、接触時には小さな力だが、徐々に大きくなり、やがて最大値 f となって、時間の経過とともにまた徐々に小さくなっています。この力のかかり方を、平均の力 $\dfrac{f}{2}$ で置き変えることを考えます。

変化する力（最大値 f） ⇨ **平均の力 $\left(\dfrac{f}{2}\right)$ で終始一定**

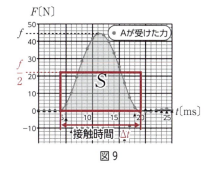

図9

平均の力で終始一定と考えても、力積としては同じ効果を台車に与えることになるので、図9の面積に着目すると、山型の面積 S と長方形の面積 $\left(\dfrac{f}{2} \times \Delta t\right)$ とは等しいといえます。この平均の力の導入によって、生徒たちの会話の後半、空欄 イ の解答は次のようになります。

力のかかり方（$f-t$ グラフの形）から、平均の力 $\dfrac{f}{2}$ を導入すると、台車には平均の力で終始一定な力がかかっていると考えてよい。したがって、

$$\int_{t_1}^{t_2} F\,dt = \left(f-t\,グラフの面積\right)S = \frac{f}{2} \times \Delta t$$

これより、

$$S\left(=2mv\right) = \underline{\frac{f}{2} \times \Delta t} = \frac{1}{2}f\Delta t$$

また、平均の力の大きさは $f = \dfrac{4mv}{\Delta t}$ と見積もることもできる。

02 はね返りの係数（反発係数）：衝突の個性を決める係数

外力さえはたらかなければ、運動量（運動の激しさ）は変化しません。運動量保存の法則が成り立つわけです。しかし、金属球同士の衝突と粘土玉同士の衝突は、どう見ても同じとはいえませんね。片や激しく反発し合い、片や玉同士がくっついてしまいます。しかし、このように見た目はずいぶん違っていても、外力さえはたらかなければ、両者とも運動量保存の法則は成り立つのです。

金属球同士の衝突と粘土玉同士の衝突を区別する手立てはないのでしょうか。区別するためのバロメーター、それが**はね返りの係数（反発係数）**です。例えば、粘土の玉ですと、衝突前の玉の速度がどうであれ、衝突後の2つの玉は合体して同じ速度で進みます。このように、衝突する球の材質等の違いによって、衝突後の球の速度に違いが生じるのです。はね返りの係数は、衝突する2つの物体の性質（材質）で決まり、どんな速さでぶつかるかにはほとんど影響されません。

そこで、図10で衝突前・後での両球の近づき方、遠ざかり方に着目しましょう。

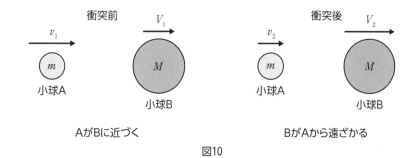

図10

衝突前：小球 A が小球 B に徐々に近づく。その近づき方（球 B から見た球 A の相対速度）は、$v_1 - V_1$ と表せます。

衝突後：小球 B が小球 A から徐々に遠ざかる。その遠ざかり方（球 A から見た球 B の相対速度）は $V_2 - v_2$ と表せます。

このときの、両者の比をはね返りの係数として定義します。すなわち、

はね返りの係数（反発係数）： $e = \dfrac{V_2 - v_2}{v_1 - V_1}$ 　小球Bが小球Aから遠ざかる相対速度／小球Aが小球Bに近づく相対速度

このように定義することで、例えば粘土の玉の場合、衝突後、2つの玉が一体となることから、分子の値は0となり、はね返りの係数 e は0となります。また、金属球のように、エネルギーロスなく完全に反発する場合は、衝突前の2球の近づき方と衝突後の2球の遠ざかり方は等しくなり、分母・分子が同じ値をとることから、はね返りの係数 e は1となります。

はね返りの係数が1の場合の衝突前後の速さについては、図11で考え

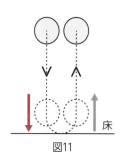

図11

るとよいでしょう。ある高さから球を落下させたとき、床との衝突でエネルギーロスがないとすると、衝突後、球は元の高さまで跳ね上がります。このとき、衝突直前の速さと衝突直後の速さは同じ値になっています。

このように、はね返り係数 e は 0（**完全非弾性衝突**）と 1（**弾性衝突**）の間の値をとり、この e の値で、衝突の違いを表しているのです。はね返りの係数を考慮すれば、衝突現象に様々なバリエーションを持たせることができます。大学入試センター試験で、このあたりのようすを見てみましょう。

> **例題3　大学入試問題：はね返りの係数**
> （1998年度大学入試センター試験／物理ⅠB第2問B、一部改変）
>
> 図12のように、なめらかな斜面の水平部に、質量 m の小物体2を置いた。同じ質量の小物体1を斜面上の点Aに置いて、静かに手を離したところ、はね返り係数（反発係数）e で小物体2と非弾性衝突をし、点Bから水平距離 l_1 の点Cに落下した。また、小物体2は衝突後、点Bから水平距離 l_2 の点Dに落下した。なお、点A〜Dは同一鉛直面内にある。
>
>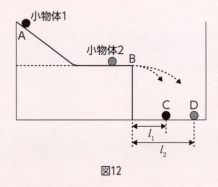
>
> 図12
>
> 問1　2つの小物体の**運動エネルギー**と**運動量**は衝突の前後でどうなるか。次の①〜④（後述）のうちから正しいものを一つ選べ。
>
> 問2　2つの小物体の間のはね返り係数 e はいくらか。次の①〜⑥（省略）のうちから正しいものを一つ選べ。
>
> 正解▶　問1 ③、問2 $e = \dfrac{l_2 - l_1}{l_1 + l_2}$

例題のねらい　はね返りの係数の求め方

小物体1と2は、はね返りの係数 e の**非弾性衝突**です。はね返り係数の大きさによって、衝突は、次のように分類できます。

```
 e = 0       完全非弾性衝突（衝突後2球は一体となる） ┐
 0 < e < 1   非弾性衝突                              │ 運動エネルギーは保存しない
 e = 1       弾性衝突・・・運動エネルギーが保存する
```

弾性衝突のみ、運動量も運動エネルギーも保存するのです（p156）。非弾性衝突であれ、弾性衝突であれ、摩擦力のような外力がはたらかなければ、運動量の和はいつでも保存します。例題3は非弾性衝突ですから、運動エネルギーは保存しませんね。

問1の4つの選択肢は以下のようなものです。

① 二つの小物体の運動エネルギーの和も運動量の和も保存する。

② 二つの小物体の運動エネルギーの和は保存するが、運動量の和は保存しない。

③ **二つの小物体の運動量の和は保存するが、運動エネルギーの和は保存しない。**

④ 二つの小物体の運動エネルギーの和も運動量の和も保存しない。

正解は③です。

問2では、小物体1、2の衝突の際のはね返りの係数 e の値を問うています。はね返りの係数の求め方は、衝突前の小物体1が小物体2に近づく速さ（相対速度）と、衝突後の小物体2が小物体1から遠ざかっていく速さ（相対速度）をそれぞれ求め、その比をとればよいのです。

はね返りの係数（反発係数）： $e = \dfrac{V_2 - v_2}{v_1 - V_1}$　小物体2が小物体1から遠ざかる相対速度 / 小物体1が小物体2に近づく相対速度

はね返りの係数を求めるのに必要な量は、衝突前後の各物体の速さです。そこで、衝突前の小物体1の速さを v_1、衝突後の小物体1、2の速さをそれぞれ、v_2、V_2 とします。これらの速さを求めるにあたって、活用できる事実（情報）は次の2つです。

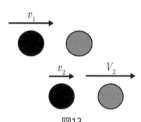

図13

・衝突後、2つの小物体の床への落下時間は等しい。

・衝突前後で、運動量の和は等しい。

まず、最初の「小物体1、2の床への落下時間は等しい」から、衝突後の速さ v_2、V_2 は、落下時間を t とすると落下距離 l_1、l_2 を用いて次のように表せます。

$$l_1 = v_2 \times t,\ l_2 = V_2 \times t\ \rightarrow\ v_2 = \dfrac{l_1}{t},\ V_2 = \dfrac{l_2}{t}\ \cdots\ ①$$

さらに「衝突の前後で運動量保存の法則が成り立つ」を考慮すれば、衝突前の小物体1の速さ v_1 は

$$mv_1 = mv_2 + mV_2\ \rightarrow\ v_1 = \dfrac{l_1}{t} + \dfrac{l_2}{t}\ \cdots\ ②$$

このように、与えられた条件（l_1、l_2）で衝突前後の速さを表すことができるのです。これら①、②式をはね返りの係数の式に代入すると、

$$e = \dfrac{V_2 - v_2}{v_1} = \dfrac{\dfrac{l_2}{t} - \dfrac{l_1}{t}}{\dfrac{l_1 + l_2}{t}} = \dfrac{l_2 - l_1}{l_1 + l_2}\ (<1)\ \leftarrow\ \text{非弾性衝突の条件を満足している}$$

このように、はね返りの係数を点Bから測った水平距離の比として求めることができます。ちなみに、上の式で l_1 と l_2 が等しい場合ですが、はね返りの係数は0となります。$l_1 = l_2$ とは、衝突後、2つの小物体が一体となって同じ場所に落下したと考えられるので、上の式には完全非弾性衝突の場合も含まれています。

● 非弾性衝突によるエネルギー損失

小球 A と小球 B がはね返りの係数 e で衝突した場合、どれほどの**エネルギー損失**があるかを求めてみましょう。両球の衝突の設定は、図10と同じです（p153）。

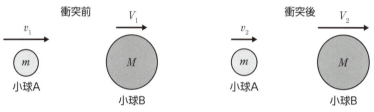

（図10再掲）

衝突後の両球の速さ v_2、V_2 を求める基本となる式は、運動量保存の法則とはね返りの係数の2つです。ここで、未知数は衝突後の小球 A、B の速さ（赤字）です。

基本式： $mv_1 + MV_1 = mv_2 + MV_2$, $e = \dfrac{V_2 - v_2}{v_1 - V_1}$

両式を連立させて、未知数である v_2、V_2 を求めると、それぞれ

$$v_2 = v_1 + \frac{M(1+e)}{m+M}(V_1 - v_1), \quad V_2 = V_1 - \frac{m(1+e)}{m+M}(V_1 - v_1) \cdots ③$$

となります。そこで、これらの値を用いて、衝突前後におけるエネルギー損失 ΔE を求めてみましょう。

基本式： $\Delta E = \dfrac{1}{2}mv_1^2 + \dfrac{1}{2}MV_1^2 - \left(\dfrac{1}{2}mv_2^2 + \dfrac{1}{2}MV_2^2\right)$

計算は少々ややこしいのですが、結果は次のようになります。

衝突によるエネルギー損失： $\Delta E = \dfrac{1}{2}\dfrac{mM}{m+M}(1-e^2)(v_1-V_1)^2 \cdots ④$

図14は、衝突によるエネルギー損失 ΔE とはね返りの係数 e との関係を示したものです。はね返りの係数 e の値が小さいほど、すなわち弾まない物体ほどエネルギーの損失が大きいことがわかります。

特に、$e = 0$ のときは、③式から v_2 と V_2 は等しくなり衝突後の両球は一体となって運動します。また、このとき④式よりエネルギー損失は

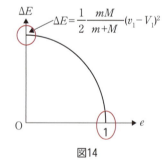

図14

$$\Delta E = \frac{1}{2}\frac{mM}{m+M}(v_1 - V_1)^2$$

と最大になります。このような衝突が**完全非弾性衝突**です。

他方、$e = 1$ のときは、④式からエネルギー損失 ΔE は 0 であり、衝突の前後で運動エネルギーは保存します。このとき、小球 A、B の衝突の前後の速さ（相対速度）は等しくなります。つまり、衝突前の小球 A が小球 B に近づく速さと、衝突後の小球 B が小球 A から遠ざかる速さとが等しくなるのです。このような衝突が**弾性衝突**です。

実際の衝突では、エネルギー損失は無視できず、はね返りの係数としては $0 < e < 1$ の範囲にあります。このような衝突が**非弾性衝突**です。

03 人と板の2体系：運動量保存の法則の真価

運動量保存の法則が威力を発揮するのは、何も衝突現象だけではありません。以下、その実例を見てみましょう。日常よく目にする現象を大学入試予想問題の題材にしたものです。

例題4（問1）　大学入試予想問題：人と板との2体系の問題

図15のように、水平でなめらかな床面上に、長さ $2L$ で質量 M の一様で厚さが一定の板が置かれ、その板の中心（重心）の上に質量 m の人が立って、全体が静止している。このときの板の中心の

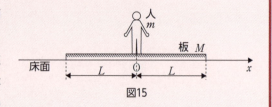
図15

真下の床面の点を原点Oとし、床面に沿って右向きを正として x 軸をとる。床面と板の間に摩擦はないが、人と板の間には摩擦があり、人は板の上を運動することができる。また、人の大きさは考えないものとし、空気抵抗は無視できるものとする。

問1 板上の人が点Oから x 軸の負の向きに走り始め、図16のように、板の左端から速度 $-v_0$（$v_0 > 0$）で x 軸の負の向きに飛び出した。板の左端から人が飛び出したとき、人から見た板の速度はどのように表されるか。次の①〜⑥（後述）の

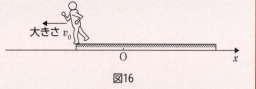
図16

うちから正しいものを一つ選べ。ただし、速度の正の向きを x 軸の正の向きとする。また、板の左端から人が飛び出すまで、人と板はどちらも x 軸と平行な方向に運動するものとする。

正解 ▶ ③

例題のねらい　人と板の双方の動き（運動量保存の法則の適用例）

板の上を人が歩くという日常ありふれた現象です。ここで、問題の条件を再度確認しておきましょう。

条件1　床面と板との間には摩擦はない。空気の抵抗も無視できる。
条件2　人と板との間には摩擦がある。

この2つの条件は、人と板とを一体（1つの系）と見れば、系外からは力を受けない（←条件1）が、系内では力を及ぼし合っている（←条件2）わけです。しかも、この系内の力は、作用反作用の関係が成り立っているので、人が板から受ける摩擦力と板が人から受ける摩擦力は、お互い打ち消し合います。このとき、系内（人と板とを一体とした世界）では、運動量保存の法則が成り立ちます。人だけ着目したり、また板だけ扱おうとすると運動方程式を立ててとなり、ずいぶん面倒になります。

運動量保存の法則では、最初の状態（人と板とが静止した状態）と着目している状態（人が左端から速さ v_0 で飛び出そうとしている状態）、この２つの状態で人の運動量と板の運動量の和が等しいのです。

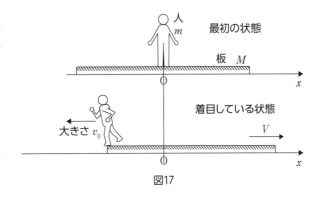

図17

x 軸の正の向きが速度の正の向きである点に注意して、運動量保存の法則を適用します。

$$\underbrace{0}_{\text{最初の静止した状態の運動量の和}} = \underbrace{m(-v_0) + MV}_{\text{着目している状態の運動量の和}}$$

板の床に対する速さは、$\frac{m}{M}v_0$ ですが、問われているのは「人から見ての板の速度（相対速度）」です。解答は、次のようになります。

運動量保存の法則から、板の床に対する速度は $\frac{m}{M}v_0$ である。求められているのは、人に対する板の速度（相対速度）であるから、$\frac{m}{M}v_0 - (-v_0) = \left(\frac{m}{M}+1\right)v_0 = \frac{M+m}{M}v_0$ となる。

与えられた選択肢は

① $\frac{m}{M}v_0$ ② $\frac{M}{m}v_0$ ③ $\frac{M+m}{M}v_0$ ④ $\frac{M+m}{m}v_0$ ⑤ $\frac{m}{M+m}v_0$ ⑥ $\frac{M}{M+m}v_0$

の６つです。正解はただちに③番だとわかります。続く問２、問３にチャレンジです。

 例題4（問2 問3） 大学入試予想問題：人と板との2体系の問題

最初の状態（図15の状態）に戻した。そして、板上の人が点Oから x 軸の正の向きに歩き始め、図18のように、ちょうど板の右端で止まった。人が歩き始めて

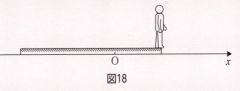

図18

から板の右端で止まるまでの、人の変位を x、板の変位を X とする。ただし、変位の正の向きを x 軸の正の向きとする。また、人と板はどちらも x 軸と平行な方向に運動するものとする。

問2 この間、人と板の全体の重心の位置は変化しない。$\frac{x}{X}$ は、M と m を用いてどのように表されるか。次の①〜⑤（後述）のうちから正しいものを一つ選べ。

問3 x、X、L の間に成り立つ関係式はどのように表されるか。次の①〜④（省略）

のうちから正しいものを一つ選べ。

正解▶ 問2 ①、問3 ④

例題のねらい 人と板の双方の動き（運動量保存の法則の適用例）

「人と板とを一つの系として扱ったとき、床と板との間の摩擦力や空気の抵抗のような外力ははたらいていない」、この条件は大切です。運動量保存の法則が成り立ち、系全体としては運動していないからこそ、人や板が系の内部でどのような動きをしようとも、人と板との重さの中心（重心）は変化しないのです。

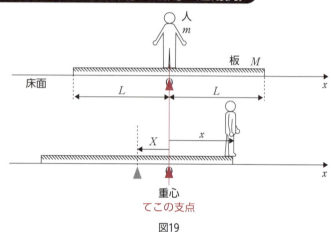

図19

ここで、第2章で扱った支点まわりの力のモーメントを活用します。「図19のように、質量 m の人が右へ x だけ移動し、質量 M の板が左へ X だけ移動したが、つり合いは保たれていた」というのです。つり合いの式は次のようになりますね。このとき、てこの支点が重心になっています。

$$M \times X = m \times x \quad \rightarrow \quad 0 = \frac{m \times x + M \times (-X)}{M + m}$$

てこのつり合い　　　　　重心の位置を求める式

なにも重心を求める式（公式）など知らなくても、小学校6年生で学んだ経験を活かせばよいのです。与えられた選択肢は

① $-\dfrac{M}{m}$　② $-\dfrac{m}{M}$　③ $\dfrac{M}{m}$　④ $\dfrac{m}{M}$　⑤ $\dfrac{m}{M+m}$

の5つです。X は座標の原点から左（負方向）にある点に注意すれば、答えは①だとわかります。

問3については、人の移動距離 x と板の移動距離 X の和が L となります。図19からも明らかですね。なお、与えられた選択肢は次の4つです。

① $x+X=-L$　② $x+X=L$　③ $x-X=-L$　④ $x-X=L$

ここでは X が負の値である点にのみ注意が必要です。したがって解答は、$x+(-X)=L$、すなわち④となります。

多粒子系と運動量保存の法則

運動量保存の法則を適用すれば、はじめの運動状態と着目している運動状態の2つの情報のみで、途中のようすには関わらず、速度などの物理量を求めることができました。2つの物体の衝突をはじめ、いくつかの物体が関わる現象では、外力の作用がなければ運動量保存の法則が常に成り立ちます。以下、N 個の粒子の集まり（例えば N 個の分子からなる気体など）について考えます。

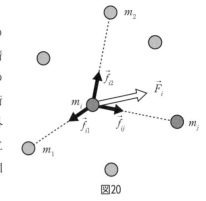

図20

図20のように、それぞれの質点の質量を m_i、またそれぞれの質点にはたらく外力を $\vec{F}_i$、着目している系内の他の質点からの力（内力）を $\vec{f}_{i \neq j}$ とします。

この力の作用の下、たとえば質点 i（$i = 1, 2, \cdots N$）の運動方程式は、次のようになります。

$$m_i \frac{d\vec{v}_i}{dt} = \vec{F}_i + \sum_{j \neq i} \vec{f}_{ij} \quad (i, j = 1, 2, 3, \cdots N) \cdot \cdot \cdot ①$$

N 個の質点について、それぞれの運動方程式を足し合わせると、

$$\sum_{i=1}^{N} m_i \frac{d\vec{v}_i}{dt} = \sum_{i=1}^{N} \vec{F}_i + \sum_{i=1}^{N} \sum_{j \neq i}^{N} \vec{f}_{ij} \quad (i, j = 1, 2, 3, \cdots N) \cdot \cdot \cdot ②$$

となります。②式の右辺第2項は内力の影響を表していますが、$\vec{f}_{12} + \vec{f}_{21} = \vec{f}_{12} + (-\vec{f}_{12}) = 0$ のように、作用反作用の関係にある力が対になって含まれているため、お互い打ち消し合って0になります。さらに、②式の左辺を運動量 $\vec{p}_i (= m_i \vec{v}_i)$ の表現に書き改めると

$$\sum_{i=1}^{N} m_i \frac{d\vec{v}_i}{dt} = \sum_{i=1}^{N} \frac{d(m_i \vec{v}_i)}{dt} = \frac{d(m_1 \vec{v}_1 + m_2 \vec{v}_2 + \cdots + m_N \vec{v}_N)}{dt}$$
$$= \frac{d(\vec{p}_1 + \vec{p}_2 + \cdots + \vec{p}_N)}{dt} = \frac{d\vec{P}}{dt}$$

N 粒子系の全運動量 $\vec{P}$ の時間微分で表現でき、②式は③式で表されることになります。

$$\frac{d\vec{P}}{dt} = \vec{F} \left(= \sum_{i=1}^{N} \vec{F}_i \right) \cdot \cdot \cdot ③$$

③式から、N 粒子系の全運動量 $\vec{P}$ は、内力には影響されず、外力の和（合力）によってのみ変化を受けることがわかります。

以上から、内力によって個々の粒子がいかに激しく運動していようとも（例題4でいえば、板の上の人がいかに激しく運動しても）、外力がはたらかなければ質点全体の（板と人の）運動量は変化せず、常に一定なのです。逆に、運動量保存の法則が成り立っていなければ、そこには系外からの力、すなわち外力がはたらいていたことになります。

さらに、図21のように、系全体から質点の1つ（たとえば1番目の質点）を除いた（$N-1$）粒子系を考えると、このとき、除いた質点1と他の質点との間ではたらく力はもはや内力ではなくなり（外力になり）、$N-1$粒子系では運動量保存の法則は成り立たなくなります。

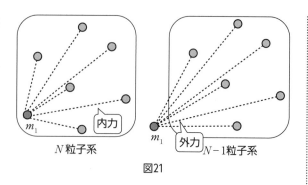

図21

このように、どのような系を考えるかで運動量保存の法則が成り立ったり（内力のみの作用）、成り立たなかったり（外力の作用）するのです。

04 力学的エネルギー保存の法則の威力：積分でとらえる運動の世界

第1章「エネルギーの移り変わり（変化の中の不変）」で運動エネルギーや位置エネルギー、またその和である力学的エネルギーについて触れました。

ここでは、力学的エネルギー保存の法則の活用について考えます。どのような条件のもとであれば力学的エネルギーは保存するのか、また力学的エネルギーが保存するような力とはどのような性質の力なのかについて学びましょう。

なお、運動量保存の法則や力学的エネルギー保存の法則と運動方程式の関係、またその特徴については探究（p175）で扱います。まずは、力学的エネルギー保存の法則がいかに有効かを実感するために、次の例題にチャレンジしましょう。

例題5　大学入試予想問題：力学的エネルギー保存の法則の威力

図22のように、上端を固定した自然の長さ L、ばね定数 k の軽いばねに、質量 m の小球を取りつけ、ばねが伸びないように手で支えながら静止させた。次の文章の空欄　ア　、　イ　に入れる式を求めよ。

図22

> 図22の状態から、小球が手から離れないようにゆっくりと手を下げていったとき、ばねが　ア　だけ伸びたところで小球が手から離れた。また、小球から手の支えを急に離したとき、ばねは　イ　だけ伸びたところで小球はいったん静止した。

正解 ▶ ア mg/k、イ $2mg/k$

例題のねらい　力学的エネルギー保存の法則の強み

ばねの自然の長さのところで支えていた小球を、次の2通りの方法で、その支えを取り去るのですが、取り去る方法の違いでばねの伸びに差が出るものなのでしょうか。

方法1：手の支えをしたまま、ゆっくりと下げていく
方法2：手の支えを急に取り去って下げる

方法1と方法2とでは、ばねの伸びに2倍の差（方法2の方が方法1よりも2倍だけばねが伸びる）が出るのです。以下、「なぜ2倍もの差が出るのか」について考えます。

そこでまず、方法1と方法2とでは、小球の運動に対してどのような違いがあるかです。方法1では「手の支えをしたまま」に注目します。図23のように、小球にはたらいている力は「重力（下向き）」、「弾性力：ばねからの力（上向き）」、

図23

163

そして「抗力：手からの力（上向き）」の3つで、これらがその都度つり合いを保ちながら、手からの力（垂直抗力）がなくなるまでばねを下げていくわけです。「その都度つり合いを保ちながら」という変化の仕方を**準静的過程**と呼んでいますが、方法1はまさに準静的過程なのです。

ばねの伸びが x のときの、小球にはたらく力のつり合いを考える。小球には重力 mg、ばねの弾性力 kx、手からの垂直抗力 N がはたらいており、下向きを正とすると、$mg - kx - N = 0$ が成り立つ。N が0のとき小球は手から離れるが、このときのばねの伸びを x_0 とすると、$x_0 = \dfrac{mg}{k}$ となる。

次に方法2です。この変化は準静的過程ではなく、ばねの伸びに対して、小球にはたらく力はつり合いの状態にはありません。したがって、力に関して、何か式を立ててばねの伸びを求めることはできないのです。では、求める術はないのでしょうか。

ばねの力（弾性力）は**保存力**と呼ばれ、重力と同様、その変位（ばねの場合は伸び）に応じてエネルギー（位置エネルギー）を考えることができます。また、摩擦力や空気の抵抗などがはたらかず、保存力だけが作用するとき力学的エネルギー保存の法則も成り立ちます。保存力の性質や、また力学的エネルギーの具体的な形については次の項「保存力と力学的エネルギー保存の法則」で説明するとして、ここではその威力についてみてみましょう。

位置エネルギーの基準を、図24のように、ばねの自然の長さの状態（P点）に取ります。そして、小球が落下していったん静止した状態がR点です。求めたいのは、P点から測ったときのR点までの長さ x_0 です。なお、Q点は落下の途中の状態で、基準からの長さが x、そのときの小球の速さが v です。このP点、Q点、そしてR点の3点で力学的エネルギーが保存するわけです。式で表すと

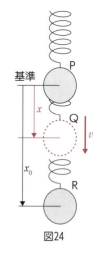

図24

$$0 = \underbrace{\frac{1}{2}mv^2 - mgx + \frac{1}{2}kx^2}_{\text{Q点}} = \underbrace{-mgx_0 + \frac{1}{2}kx_0^2}_{\text{R点}}$$
　　　P点

となります。Q点では運動エネルギー、重力による位置エネルギー、そしてばねの弾性エネルギーの3つが存在しますが、R点では小球は一瞬静止しているので、運動エネルギーはありません。比べるのは、P点とR点の2点です。

$$0 = \underbrace{-mgx_0 + \frac{1}{2}kx_0^2}_{\text{R点}} \quad \therefore \quad x_0 = \frac{2mg}{k}$$
P点

このように、途中のようすには関係なく、P点、そしてR点の2点の情報（基準面からの距離、小球の速さ）だけから、求めたい値が得られる。これが力学的エネルギー保存の法則の強みです。

● **保存力と力学的エネルギー保存の法則（その具体的な形）**

力学的エネルギー保存の法則が成り立つような力が**保存力**です。ここでは保存力の性質と、保存力がはたらいた場合の力学的エネルギー保存の法則の具体的な形を求めましょう。

例題5では、例えばQ点での力学的エネルギーは、運動エネルギーと位置エネルギーの和として、次のように表せました。

$$E_Q = \underline{\frac{1}{2}mv^2} + \underline{(-mgx) + \frac{1}{2}kx^2} \begin{cases} \frac{1}{2}mv^2 & \text{運動エネルギー} \\ (-mgx) + \frac{1}{2}kx^2 & \text{位置エネルギー} \end{cases}$$

ここで、位置エネルギーの変数 x は基準点からの変位を表しています。重力による位置エネルギーであれ、また弾性エネルギーであれ、位置エネルギーはすべて位置のみに依存したエネルギーなのです。

【運動方程式と力学的エネルギーの関係】

運動量も力学的エネルギーも、その大本は運動方程式（①式）です。なぜ、力学的エネルギーが「運動エネルギーと位置エネルギーの和」で表されるのかも、運動方程式との関係をみれば容易に理解できるのです。

$$ma = F \implies m\frac{dv}{dt} = F \cdots ① \qquad \leftarrow a = \frac{dv}{dt}$$

ライプニッツによれば（p2）、ある距離だけ及ぼした力が、実は運動エネルギーであったわけですから、①の両辺に微小な距離 Δx（さらに微小にしたものが dx）をかけてみます。

$$m\frac{dv}{dt} \times dx = F \times dx \rightarrow mdv \times \frac{dx}{dt} = F \times dx \rightarrow \boxed{mvdv = F \times dx} \cdots ②$$

この変形では、左辺の分母 dt を移動させ、下線部から $\frac{dx}{dt} = v$ という関係を用いて②式を導き出しています。②式は各瞬間で成り立つ式ですが、図25のように、P点からQ点にわたって積分をします（積分とは、各瞬間に成り立つ②式をP点からQ点にわたって足し合わせることです）。

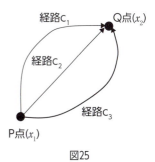

図25

$$\int_{P(x_1)}^{Q(x_2)} mvdv = \int_{P(x_1)}^{Q(x_2)} F \times dx \cdots ③$$

P点からQ点の移動で質量は変化しないとすると、③式の左辺は次のようになります。

$$\int_{P(x_1)}^{Q(x_2)} mvdv = m\int_{P(x_1)}^{Q(x_2)} vdv = \frac{1}{2}mv_2^2 - \frac{1}{2}mv_1^2 \cdots ④$$

ここで、v_1、v_2 は、それぞれP点、Q点での物体の速さです。④式は、PとQの2点間での物体の運動エネルギーの変化を表しています。

$$\boxed{\frac{1}{2}mv_2^2 - \frac{1}{2}mv_1^2 = \int_{P(x_1)}^{Q(x_2)} F \times dx} \quad \cdots ⑤$$

右辺の力 F のはたらき（力による仕事）によって、物体の運動エネルギーが④式で表される変化を引き起こされたのです。

【保存力がはたらいた場合の力学的エネルギー】

一般に力を加え、物体をP点からQ点まで運ぶ場合、図25のように $c_1 \sim c_3$ のどの経路を通るかによって物体に与える仕事の大きさは異なります。しかし、重力やばねの力（弾性力）、また電気力などは、どの経路を通るかには依存せず、P点とQ点の位置のみで決まるという性質を持っています。このような位置のみで決まる力を**保存力**と呼んでいます。

保存力 F について、図26のようにO点（x_0）を基準点として、位置座標で決まる関数 $U(x)$ を次のように定義します。

$$\left. \begin{array}{l} \int_{O(x_0)}^{P(x_1)} F \times dx = -U(x_1) \\ \int_{O(x_0)}^{Q(x_2)} F \times dx = -U(x_2) \end{array} \right\} \quad \cdots ⑥$$

図26

この $U(x)$ が**位置エネルギー**で、基準点から着目している点まで物体を動かすとき、力がする仕事の負の量として定義されています。

⑥式で定義された位置エネルギー $U(x)$ を用いて、⑤式の右辺を書き換えてみましょう。

$$\int_{P(x_1)}^{Q(x_2)} F \times dx = \int_P^O F \times dx + \int_O^Q F \times dx = -\int_O^P F \times dx + \int_O^Q F \times dx$$
$$= U(x_1) - U(x_2) \quad \cdots ⑦$$

力 F が保存力の場合、P点からQ点までの保存力による仕事は、⑦式のようにP点やQ点の位置エネルギー U で表すことができるのです。

以上から、力が保存力の場合、⑤式は次のようになります。

$$\frac{1}{2}mv_2^2 - \frac{1}{2}mv_1^2 = U(x_1) - U(x_2) \rightarrow \frac{1}{2}mv_1^2 + U(x_1) = \frac{1}{2}mv_2^2 + U(x_2) \quad \cdots ⑧$$

⑧式は、運動エネルギーと位置エネルギーの和がP点とQ点で変化しない、すなわち保存されることを表しています。以下、保存力が重力、また弾性力の場合の位置エネルギーの具体的な形を導いておきましょう。

（例）**保存力が重力の場合**

基準面から高さ h の位置にある質量 m の物体のもつ重力による位置エネルギー $U(h)$

$$物体にはたらく重力は、F = -mg であるから、$$
$$U(h) = -\int_0^h (-mg)\,dx = mg \times \int_0^h dx = mgh$$

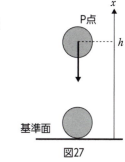

図27

（例）**保存力が弾性力の場合**

基準面から x だけ伸びたばねのもつばねによる位置エネルギー（弾性エネルギー）$U(x)$

$$物体にはたらく弾性力は、F = -kx であるから、$$
$$U(x) = -\int_0^x (-kx)\,dx = k \times \int_0^x x\,dx = \frac{1}{2}kx^2$$

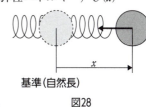

図28

物体に動摩擦力がはたらいたり、空気の抵抗が無視できない場合、P点、Q点の2点間で力学的エネルギー保存の法則は成り立ちません。しかし、例えば動摩擦力によって奪われたエネルギー（動摩擦力がした仕事）をも加味すれば、2点間での力学的エネルギーは保存されるのです。逆に、この関係から動摩擦力のした仕事を求めることもできます。

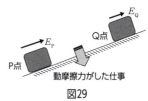

図29

$$E_P = E_Q + 動摩擦力がした仕事 \quad \rightarrow \quad 動摩擦力がした仕事 = E_P - E_Q$$

力学的エネルギー保存の法則が、なぜ重力や弾性力がはたらく場合に適用できるのかがわかったところで、次の3つの例題を通して力学的エネルギー保存の法則の活用について学びましょう。

例題6　大学入試問題：力学的エネルギー保存の法則の活用

（2014年度大学入試センター試験／〔追試験〕物理Ⅰ第4問A、一部改変）

図30（a）のように、床の上に鉛直に固定した自然の長さ l の軽いばねがある。このばねの上に質量 m の小球をのせた。手で小球を押し下げ、同図（b）のように、ばねの縮みを x にした。その後、静かに小球を放した。すると、ばねが自然の長さに達したとき、小球はばねを離れ、速さ v で鉛直上方に運動した。ばね定数を k、重力加速度の大きさを g とする。

x と v の関係を表す式、および小球がばねから離れて飛び出すために x が満たす条件を表す式として最も適当なものを求めよ。

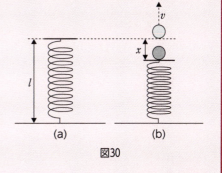

図30

正解 ▶ $\dfrac{1}{2}mv^2 = \dfrac{1}{2}kx^2 - mgx$, $x > \dfrac{2mg}{k}$

例題のねらい 力学的エネルギー保存の法則の適用例（その１）

私たちは、「○○の条件を求めよ」という問いに対して、難しいという印象を持ちがちです。図30（b）のように、小球が速さvで飛び出すには、ばねの縮みxがどのような条件（または範囲）を満たす必要があるのでしょうか。また、その条件を与える式をどのようにして立てればよいのでしょうか。方針の見えないところからくる不安が難しいという印象を与えるのです。

すでにみたように小球にはたらいている力は重力と弾性力（ばねの力）の２つです。ともに保存力でしたね。したがって、図30（b）で、

状態A：小球を、ばねの自然の長さからxだけ押し縮めた状態
状態B：ばねが自然の長さに達したとき、小球が速さvでばねから離れた状態

という２つの状態A、B間で力学的エネルギー保存の法則が適用できます。まさに、本問題は力学的エネルギー保存の法則を用いて解く問題なのです。では、運動状態AとBでの力学的エネルギーの内訳はどのようになっているのでしょうか。表1は、それぞれの状態での力学的エネルギーの内訳を示したものです。

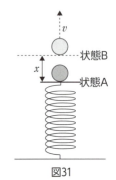

図31

表1

	運動エネルギー	重力による位置エネルギー	弾性エネルギー
状態A	0	$-mgx$	$\frac{1}{2}kx^2$
状態B	$\frac{1}{2}mv^2$	0	0

位置エネルギーでは、その原点をどこに取るかを明らかにする必要があります。ここでは、ばねが自然の長さのときの位置を原点としています。状態Aは、原点からxだけ下に位置していますので、マイナスの符号をつけたのです（x自体は正）。この内訳表から、次の力学的エネルギー保存を表した式が導けます。

$$\underset{\text{状態A}}{0+(-mgx)+\frac{1}{2}kx^2} = \underset{\text{状態B}}{\frac{1}{2}mv^2+0+0} \rightarrow \boxed{\frac{1}{2}kx^2-mgx=\frac{1}{2}mv^2} \quad \cdots ①$$

そして、この式こそが、ばねの縮みxと小球が飛び出す速さvを結びつけており、ここからxについての条件が得られるのです。

①式を満たすvが存在するようなxの範囲が、求めるxの条件です。

$$\frac{1}{2}mv^2\left(=\frac{1}{2}kx^2-mgx\right)>0 \rightarrow \frac{1}{2}kx^2-mgx>0 \therefore x>\frac{2mg}{k}$$

もし、摩擦や空気の抵抗などを考慮しなければならない場合は、①式は成り立ちません。しかし、摩擦力や空気の抵抗によって奪われたエネルギーを求めることができれば、その分を状態Aの力学的エネルギーに加味すれば、これまでの考えはそのまま成り立ちます。

次の問題は、まさに動摩擦力によって奪われたエネルギーを考慮するものです。チャレンジしてみましょう。

例題7　大学入試問題：力学的エネルギー保存の法則の活用

(2012年度大学入試センター試験／物理Ⅰ 第4問 (問3、問4、問5)、一部改変)

図32のように、水平面の左右に斜面がなめらかにつながった面がある。この面は、水平面上の長さ L の部分 AB だけがあらく、その他の部分はなめらかである。小物体を左側の斜面上の高さ h の点 P に置き、静かに手を離した。ただし、小物体とあらい面との間の動摩擦係数を μ'、重力加速度の大きさを g とする。

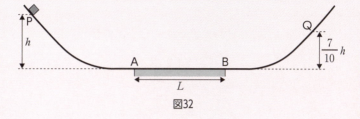

図32

問1 小物体が点 P を出発してから初めて点 A を通過するときの速さを表す式を求めよ。

問2 その後、小物体は AB を通過して、右側の斜面を滑り上がり、高さが $\frac{7}{10}h$ の点 Q まで到達したのち斜面を下り始めた。μ' を表す式を求めよ。

問3 次の文章中の空欄　ア　、　イ　に入れる数、および式を求めよ。

> 小物体は、面上を何回か往復運動をしてから AB 間のある点 X で静止した。小物体は、点 P を出発してから点 X で静止するまでに、点 A を　ア　回通過した。また、AX 間の距離は　イ　であった。

正解▶ 問1 $\sqrt{2gh}$、問2 $\frac{3h}{10L}$、問3 ア 3　イ $\frac{2}{3}L$

例題のねらい　力学的エネルギー保存の法則の適用例（その2）摩擦力のした仕事の考慮

　この問題の核心は問2と問3ですね。小物体と面 AB 部分には動摩擦力がはたらいていますから、P 点と Q 点の 2 点間で力学的エネルギー保存の法則は成り立ちません。P 点での位置エネルギーが形を変えながら A 点での運動エネルギーに移行するのですが、エネルギーの大きさ自体は変わりません。すなわち、P 点と A 点の間では力学的エネルギー保存の法則が成り立っています。問1の解答への糸口は、まさに P 点と A 点の間で成り立つ力学的エネルギー保存の法則なのです。

　AB 間での動摩擦力によって、P 点での力学的エネルギーは減少し、その結果、Q 点での高さが $\frac{7}{10}h$ となったのです。P 点の高さが h ですから AB 間を通過することで力学的エネルギーが30％減少したわけです。したがって、図34のように、AB 間を 3 回通過すれば90％の力学的エネルギーを小物体は失

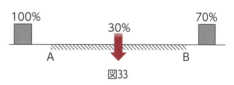

図33

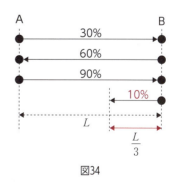

図34

うことになります。問3の出題のねらいが見えてきましたね。3回A点を通過し、10%の力学的エネルギーをもって小物体はB点を出発します。10%の力学的エネルギーでは、B点から$\frac{L}{3}$しか進むことができず、その場所が点Xになります。これは、A点から測れば$\frac{2}{3}L$のところです。

最後に問2が残りました。P点での力学的エネルギー（位置エネルギー）の30%がAB間における動摩擦力の行う仕事ですから、この間の動摩擦係数μ'は次のようになります。

> AB（距離L）間の動摩擦力$mg\mu'$の行う仕事が、小物体のP点でもつ力学的エネルギー（位置エネルギー）mghの30%になる。
>
> $$mg\mu' \times L = \frac{3}{10}mgh \quad \therefore \mu' = \frac{3h}{10L}$$

力学的エネルギー保存の法則活用の最後の例題として、ケプラー問題と呼ばれる太陽のまわりを回る惑星の動きについて取り上げます。これは地球のまわりを回る人工衛星の動きでも同様です。惑星や人工衛星には重力の元になる万有引力がはたらいていますが、万有引力もまた保存力です。力学的エネルギー保存の法則が成り立ちます。

例題8　大学入試問題：力学的エネルギー保存の法則の活用

（2018年度大学入試センター試験／物理 第5問（問2、問3）、一部改変）

太陽を周回する惑星の運動に関する次の文章を読み、下の問いに答えよ。

惑星が太陽に最も近づく点を近日点、最も遠ざかる点を遠日点と呼ぶ。図35のように、太陽からの惑星の距離と惑星の速さを、近日点でr_1、v_1、遠日点でr_2、v_2とする。また、太陽の質量、惑星の質量、万有引力定数をそれぞれM、m、Gとする。

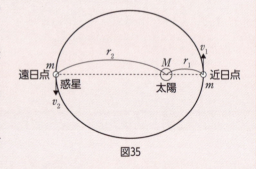

図35

問1 図36の(a)〜(d)の曲線のうち、太陽からの惑星の距離rと惑星の運動エネルギーの関係を表すものはどれか。また、距離rと万有引力による位置エネルギーの関係を表すものはどれか。ただし、万有引力による位置エネルギーは、無限遠で0とする。

問2 次の文章中の空欄　ア　・　イ　に入れる式と語を記入せよ。

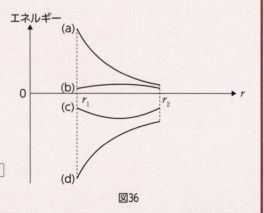

図36

惑星の軌道が円である場合と、楕円である場合の力学的エネルギーについて考える。図37の軌道Aのように、惑星が半径rの等速円運動をすると、その速さは$v=$ ア となる。一方、軌道Bのように、近日点での太陽からの距離がrとなる楕円運動の場合、惑星の力学的エネルギーは、軌道Aの場合の力学的エネルギーに比べて イ 。

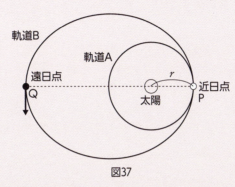

図37

正解▶ 問1 運動エネルギー（a）、位置エネルギー（d） 問2 ア $\sqrt{\dfrac{GM}{r}}$ イ 大きい

例題のねらい　力学的エネルギー保存の法則の適用例（その3）ケプラー問題

　太陽のまわりを回る惑星や、地球のまわりを回る人工衛星、これらは近似的に等速円運動しているといってもよいのですが、これらを円軌道に留めている力が**万有引力**です。万有引力といえば、「リンゴの実は地上に落下するのに、なぜ月は地上に落ちてこないのか」という疑問から、ニュートンが、地球を中心とする円軌道に月を留めておこうとする力として発見したとされています。月もまた落下しているのだという発想は、ニュートンの次のような**思考実験**がもとになっています。

● 月もまた落下している

　図38のように、山頂から物体を水平に投げ出したとき、物体は地球の重力を受け、地表に落下します。では、放り投げる速さを徐々に速くしていけばどうでしょう。地表には落下しますが、その到達点は山頂からどんどん遠ざかっていきます。そこで、ニュートンは次のような場合を考えます。「放り出す速さをうんと速くすれば、物体は地球を一回りして同じ場所に戻ってくるのではないか」、つまり物体は地球のまわりを等速円運動したことになります。このことから、ニュートンは、地球のまわりを回る月もまた地表めがけて落下しているのだという着想を得たのです。だからこそ、地表に落下するリンゴを見て、月の運動に目が向いたのです。この見通しの下、ニュートンはリンゴと月との落下距離を比較します。

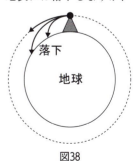

図38

● リンゴを引く力と月を引く力を比較する　万有引力の形

　地球の引力がリンゴはもちろん、月にも及んでいるとして、この2つの物体を引く力の大きさ

を比較してみましょう。

① リンゴが1秒間に落下する距離

落下の加速度（重力加速度）9.8m/s² から、1秒間に落下する距離は、

$\frac{1}{2}gt^2 = \frac{1}{2} \times 9.8 \times 1^2 = 4.9\,\mathrm{m}$。

② 月が1秒間に落下する距離

図39で、B点は1秒後の軌道上での月の位置。P点は、A点で地球の引力がなくなったと仮定したときの月の位置。このとき、PBが地球の引力によって月が1秒間に地球に向かって落下した距離。以下、このPBを求めます。

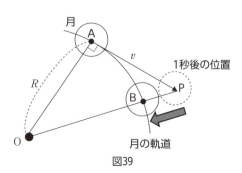

図39

月の半径をRとすると、OP = R+PB。△OAPで、三平方の定理を用いるとAP = v（月の速さ：1秒間に進む距離）から、

$R^2 + v^2 = (R+\mathrm{PB})^2$　よって、$\mathrm{PB} \fallingdotseq \dfrac{v^2}{2R}$　・・・①

なお、ここで$\dfrac{\mathrm{PB}}{R} \ll 1$から$\dfrac{\mathrm{PB}^2}{R^2} \fallingdotseq 0$という近似を用いた。①式に以下の実測値を代入すると、実測値：$v = 1.0182 \times 10^3$m/s、$R = 3.827 \times 10^8$m から

$\mathrm{PB} \left(\fallingdotseq \dfrac{v^2}{2R} \right) = 1.358 \times 10^{-3}$m

---

③ 1秒間にリンゴが落下する距離と、月が落下する距離との比

この比が、リンゴと月、それぞれにはたらく地球の引力の比にもなっています。

$\dfrac{4.9\,\mathrm{m}}{1.36 \times 10^{-3}\,\mathrm{m}} = 3.6 \times 10^3 = 60^2$

月にはたらく地球の引力は、地表のリンゴにはたらく引力の$\dfrac{1}{60^2}$倍の大きさです。なお、万有引力は物体間の距離だけで決まるわけではありませんが、ここでは距離のみに着目しています。

④ リンゴと月にはたらく引力と地球の中心からの距離との関係

地上にあるリンゴは地球の半径とほぼ同じで約6400 km、また地球の中心から月までの距離は約38万 kmだから、月はリンゴの60倍の距離にあることになります。

以上から、リンゴと月にはたらく地球の引力（万有引力）は、<u>距離の2乗に反比例している</u>ことがわかりました。万有引力の距離との関係をみてきましたが、ここで、距離rだけ離れた質量mとMの2つの物体にはたらく万有引力Fについてまとめておきましょう。

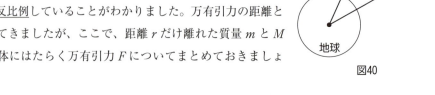

図40

$F = G\dfrac{M \times m}{r^2}$　・・・①　比例定数Gは6.67×10^{-11} Nm²/kg²

太陽系の惑星が楕円軌道を描いて太陽のまわりを回り続けるのも、太陽と各惑星の間にその質量の積に比例し、距離の2乗に反比例するという万有引力がはたらいているからです。

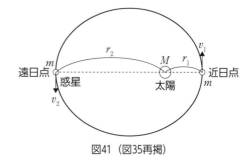

図41 (図35再掲)

万有引力もまた保存力ですから、惑星が近日点にいようが、また遠日点にいようが力学的エネルギー保存の法則が成り立ちます。すなわち、近日点、遠日点での位置エネルギーをそれぞれ、$U(r_1)$、$U(r_2)$ とすると、

$$\frac{1}{2}mv_1^2 + U(r_1) = \frac{1}{2}mv_2^2 + U(r_2) \cdots ②$$

ここで、位置エネルギーの具体的な形ですが、その定義式（p166の⑥式）から

$$U(r)\left(= -\int_\infty^r F \times dr\right) = -\int_\infty^r \left(-G\frac{Mm}{r^2}\right) \times dr = -G\frac{Mm}{r} \cdots ③$$

となります。万有引力における位置エネルギーは、<u>無限遠を基準（値0）</u>とします。③式のように位置エネルギーが負で与えられるのは、太陽と惑星の間にはたらく万有引力に逆らって外から力を加え、惑星をはるか無限遠まで運ぶのに正の仕事をしなければならないからです。

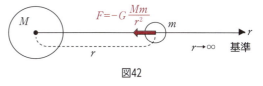

図42

以上から、力学的エネルギー保存の法則は次のようになります。

$$\boxed{\frac{1}{2}mv_1^2 - G\frac{Mm}{r_1} = \frac{1}{2}mv_2^2 - G\frac{Mm}{r_2} = E_{tot}} \cdots ④$$

④式で、運動エネルギーと位置エネルギーの和である全エネルギー（E_{tot}）の値ですが、惑星は太陽に束縛されており、外力によってはじめて太陽の束縛から解き放たれ自由になれます。惑星からすれば、はるか無限遠（位置エネルギー0）にまで飛んでいくことも可能になるわけです。このことから、全エネルギーは負の値をとることが想像できます。

以上の準備の下、例題8に挑みましょう。基本は③式、④式です。まずは問1です。

位置エネルギーと距離 r との関係は、③式から図43の (d) が該当します。運動エネルギーですが、④式より

$$\frac{1}{2}mv^2 = E_{tot} + G\frac{Mm}{r}$$

であり、全エネルギー（E_{tot}）の値が負であること、また運動エネルギー自体は正であることを考えると、位置エネルギーを r 軸に対して折り返し、全エネルギー分だけ下へ移動させた (a)

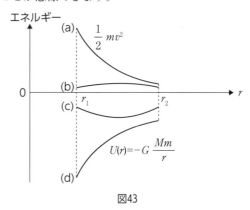

図43

が該当します。

問2で問われているのは、軌道A（円軌道）と軌道B（楕円軌道）での近日点における速さの違いです。各軌道で成り立っている関係式を整理してみましょう。

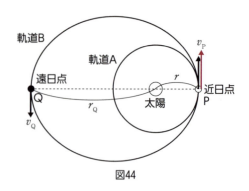

図44

● 軌道A（半径 r の円軌道）

近日点（P点）での速さを v とすると、向心力がその点での万有引力になっています。

$$m\frac{v^2}{r} = G\frac{Mm}{r^2} \rightarrow v = \sqrt{\frac{GM}{r}} \quad \cdots ⑤$$

● 軌道B（短軸 r の楕円軌道）

図44のように、近日点Pでの惑星の速さを v_P、遠日点Qでの惑星の速さを v_Q とすると、次の2つの関係式が成り立ちます。楕円軌道の短軸、長軸の長さは、それぞれ r、r_Q とします。一つは、ケプラーの第2法則（面積速度一定の法則）、いま一つはP点、Q点での力学的エネルギー保存の法則です。

$$\left. \begin{array}{l} r \times v_P = r_Q \times v_Q \rightarrow v_Q = \dfrac{r}{r_Q} \times v_P \\ \dfrac{1}{2}m \times v_P{}^2 - G\dfrac{Mm}{r} = \dfrac{1}{2}m \times v_Q{}^2 - G\dfrac{Mm}{r_Q} \end{array} \right\} \quad v_P = \sqrt{\dfrac{GM}{r} \times \dfrac{2r_Q}{r+r_Q}} \quad \cdots ⑥$$

これら2つの式から近日点Pでの速さ v_P を求めると⑥式のようになります。⑤式と⑥式から、

$$v_P = \sqrt{\frac{2r_Q}{r+r_Q}} \times v > v \quad \leftarrow 条件 r_Q > r から \frac{2r_Q}{r+r_Q} > 1$$

が得られます。これより、同じP点上の惑星であっても軌道B（楕円軌道）の方が軌道A（円軌道）よりも速いことがわかります。軌道Bの方が軌道Aよりも力学的エネルギーは大きいのです。人工衛星の場合、円軌道を描いていた人工衛星が燃料を噴射してより速い速度になると、円軌道から楕円軌道に移ることができるわけです。

探究1 蟻の目、鳥の目（運動方程式と保存則）

本章のはじめに、デカルトやライプニッツによる力について紹介しました。それは、ニュートンによる力とは異なり「ある間隔（時間や空間）」で作用させた力でしたが、この発想は決して突拍子もない荒唐無稽なものではなく、私たちにとって納得のいくものでした。

物体の運動を記述する方法には、ニュートン流の運動方程式（微分方程式）を立て、時々刻々運動の変化を追っていくという「蟻の目の発想（微分）」と、運動量保存の法則や力学的エネルギー保存の法則のように、運動の変化を追うのではなく、変化の中に不変なものを見つけ、それをもとに運動を大きくとらえようとする「鳥の目の発想（積分）」があります。蟻の目（微分）も鳥の目（積分）も同じ現象を見ているわけですから、ここで、両者の関係について見ておきましょう。

蟻の目の発想（運動方程式）： $m\dfrac{dv}{dt} = f$ ・・・①

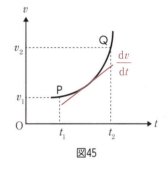

図45

デカルトにしたがって、①式をP点からQ点の変化を時刻 t_1 から t_2 までの時間について積分します（大きくとらえます）。

$$\int_{t_1}^{t_2}\left(m\dfrac{dv}{dt}\right)dt = \int_{t_1}^{t_2} f\, dt \quad \cdots ②$$

②式の左辺を変形すると、

$$\int_{t_1}^{t_2}\left(m\dfrac{dv}{dt}\right)dt = \int_{t_1}^{t_2} m\dfrac{dv}{dt}\, dt = \int_{t_1}^{t_2} m\, dv = mv_2 - mv_1 \quad \cdots ③$$

このように、P点、Q点での運動量の差になっています。他方、②式の右辺は、この間、力が一定（時間に依存しない）とすると、

$$\int_{t_1}^{t_2} f\, dt = f\int_{t_1}^{t_2} dt = f\Delta t \quad \cdots ④$$

ここで、Δt とは、t_1 から t_2 までの時間間隔ですから、②式は

鳥の目の発想（運動量）： $mv_2 - mv_1 = f\Delta t$ ・・・⑤

運動量の変化は力積に等しいという結果を与えます。まさにデカルトの考えた力の概念です。

⑤式で、右辺の力 f が0であれば、確かに運動量は変化せず保存します。しかし、運動量保存の法則が威力を発揮するのは、物体が単体で運動するのではなく、例えば2つの物体の衝突のように、複数の物体が力を及ぼし合うとき、⑤式右辺の力が内力のみであれば、お互い打ち消し合い変化の前後で運動量が保存するからです。したがって、途中経過に関係なく、変化の前後にのみ着目し、系全体の運動量を等しいと置けばよいのです。まさに鳥の目の発想ですね。

次に、ライプニッツにしたがい、運動方程式（①式）を位置 $x_1(t_1)$ から $x_2(t_2)$ まで積分します（大きくとらえます）。なお、$x_1(t_1)$、$x_2(t_2)$ での物体の速度が $v_1(x_1)$、$v_2(x_2)$ です。

$$\int_{x_1(t_1)}^{x_2(t_2)} \left(m\frac{dv}{dt} \right) dx = \int_{x_1(t_1)}^{x_2(t_2)} f\, dx \quad \cdots ⑥$$

⑥式の左辺について変形すると

$$\int_{x_1(t_1)}^{x_2(t_2)} \left(m\frac{dv}{dt} \right) dx = \int_{v_1(t_1)}^{v_2(t_2)} m\,dv\left(\frac{dx}{dt}\right) = \int_{v_1(t_1)}^{v_2(t_2)} mv\,dv$$

このように、⑥式の左辺は運動エネルギーを表していたのです。

$$\int_{x_1(t_1)}^{x_2(t_2)} \left(m\frac{dv}{dt} \right) dx = \int_{v_1(t_1)}^{v_2(t_2)} mv\,dv = \frac{1}{2}mv_2^2 - \frac{1}{2}mv_1^2$$

以上から、⑥式は、

$$\frac{1}{2}mv_2^2 - \frac{1}{2}mv_1^2 = \int_{x_1(t_1)}^{x_2(t_2)} f\, dx \quad \cdots ⑦$$

この間、力が一定（時間や場所に依存しない）とすると、

$$\frac{1}{2}mv_2^2 - \frac{1}{2}mv_1^2 = f\Delta x \quad \longleftarrow \text{外力のした仕事が運動エネルギーの増加になる}$$

ライプニッツが考えた「ある区間にわたってはたらく力」とは、運動エネルギーの変化をもたらす力だったのです。⑦式の右辺の力が**保存力**、すなわち⑦式の右辺が、図47のようにP点からQ点に至る経路に依存しないような力の場合、保存力と位置エネルギー U の関係を用いて

$$\int_{x_1(t_1)}^{x_2(t_2)} f\, dx = -U(x_2) + U(x_1) \quad \longleftarrow \quad f(x) = -\frac{d}{dx}U(x)$$

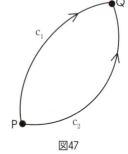

図47

と変形できます。以上から、力が重力やばねの力のような保存力の場合、⑥式は

鳥の目の発想（力学的エネルギー）： $\dfrac{1}{2}mv_2^2 + U(x_2) = \dfrac{1}{2}mv_1^2 + U(x_1)$

となり、運動方程式の位置座標についての積分は、運動エネルギーと位置エネルギーの和が変化しないという力学的エネルギー保存の法則を表していたのです。

探究 2　保存則は時空の構造と密接に関わっている

　運動量保存の法則や力学的エネルギー保存の法則は、物体がその中でさまざまな運動を繰り広げている舞台（時間や空間）の性質と深く結びついています。速さや位置が変化する中で、ある物理量が一定のままであるということは、その根拠が空間と時間の基本的な性質と関係があるのです。

> **時間の進み方が一様である**ことから、**エネルギー保存の法則**が導かれる。
> **空間の広がり方が一様である**ことから、**運動量保存の法則**が導かれる。
> **空間に特定の方向がない（等方性）**ことから、**角運動量保存の法則**が導かれる。

　例えば、運動量保存の法則は、時間や空間のどのような性質と関わっているのでしょうか。もし、この宇宙が有限な球体であれば（宇宙に端があれば）、物体はその端のところで止まってしまったり、またはＵターンして速度の値を変えなければなりません。さらに空間が一様でないとしたら、空間の尺度も場所ごとに変わってしまい、たとえ外力がはたらいていなくても速度が変わってしまいます。運動量保存の法則が成り立っているという事実は、空間が無限であり、また一様であることを保証しているのです。時間や空間の性質（対称性）と保存則との関わりは、いまや現代物理学の基礎概念の一つになっています。自然の法則は、私たちの起居する、この世界のあり様と深く、密接につながっているのです。

補章

補

～経験科学から数理科学へ～

その後のニュートン力学

補章 その後のニュートン力学——経験科学から数理科学へ——

01 万有引力の成因をめぐるデカルト派とのバトル：ニュートンを勝利に導いた形

　ニュートン力学は、17世紀後半に誕生しました。しかし、それが今日のような形で受け入れられたのは、それから半世紀もたった18世紀のなかば、1730年代でした。ニュートン力学誕生後、特に「万有引力の成因」をめぐって、デカルト（大陸派）との間で激しい論争を巻き起こしていたのです。

　デカルト派は、宇宙に充満する物質（エーテル）の渦の運動として、万有引力が生まれると主張したのです。いわゆる渦動説です。しかし、ニュートンは「私は仮説をつくらない」として、その成因を明らかにしなかったのです。

　ニュートンは、万有引力について「まだ、科学では汲みつくせない問題」として言及しなかったのですが、そこには、何か『非物質的なもの』、さらに言えば『霊的なもの』の関与を考えていたようです。デカルトのように、宇宙が歯車で動く精密な機械だとはどうしても考えられなかったのです。

　万有引力に関するニュートンとデカルトの論争にも終止符が打たれるときが訪れます。1735年、地球の形状についてニュートンが主張した「赤道方面が長い回転楕円体」とデカルト派の「極方面に長い回転楕円体」のいずれが正しいかが実測によって明らかにされ、ニュートンの説が勝利を収めたのです。これによって、ニュートン力学が広く認められ、ようやく市民権を得たのです。

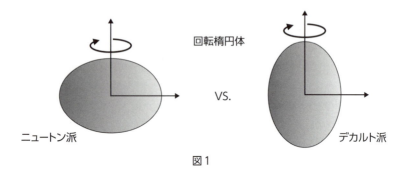

図1

　ニュートン力学には、『霊的なもの』のように、まだ神がかり的な要素がいくぶん残っていました。したがって、これを排除し、力と運動の関係を解析的にとらえる『解析的な力学』として再構築することが、後世に残された大きな流れになっていきます。今日、私たちがニュートン力学として学校等で接するものは、この流れの中で形作られたものです。

02 経験科学から数理科学へ：より基本的な原理を求めて

　運動の法則は、その後、オイラーやダランベール、ラグランジュといった数学の妙手たちによって、数学的により確かなものへと整理・整備されていきます。ニュートンの運動の法則は、「リンゴの落下からの気づき」の逸話に象徴されるように、ガリレイなどの先人たちの経験をベースに築かれたものでした。ここには、なにか牧歌的なものを感じますが、この誕生の過程に対して、オイラーたちはさらに基本的な原理を求め、その確固たる原理の上に運動の法則を含むすべてのニュートン力学を再構築することを目指しました。微分や積分の成果を用い、ニュートン力学を数学的にしっかりとした体系（解析力学）に整えることが彼らのねらいだったのです。

　解析力学構築の立役者であるラグランジュは、「力学は、必然的な真理であって、決して偶然的な真理ではない。力学は、公理系から出発する論証的な学問であって、決して経験科学ではない」とまで言い切っています。

　オイラーたちの求めた基本的な原理として、フランスの数学者フェルマーは、ニュートンの運動方程式までも導き出せる原理『最小作用の原理』を提唱しました。この最小作用の原理は、もとは光の経路を求めるために考え出されたものでした。

> **光の経路決定：フェルマーの原理**
> 　光は、P点から出て鏡で反射し、Q点に向かうとき、反射の法則にしたがって、P→O→Qという経路を進む。決して、他の経路を選ぶことはない。

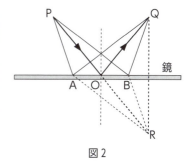

図2

　光が鏡で反射され、P点からQ点に向かうとき、必ずP→O→Qという経路を通るのですが、なぜ他の経路（P→A→QやP→B→Q）を選ばないのでしょうか。「反射の法則でそうなっているから」と説明されても、何か釈然としませんね。「では、なぜ光は反射の法則にしたがうのですか」と聞きたくなります。そこで、フェルマーは

　　光は、最短距離を通って、目的地にたどり着く

　　光は、伝搬時間が最小になるような経路を選ぶ

という原理をたてて、P→O→Qと進む理由を説明したのです。この原理は、「自然は無駄をしない」という、より深い自然観に根ざしていますから、反射の法則だからという説明よりも説得力があります。

　いま、Q点の鏡に対して対称な点をR点とします。このとき、図2から、OQ = OR、AQ = AR、BQ = BR なので、実際に光が進む経路はP→O→Rと考えてもよく、これは直線になっています。他の経路（折れ線）と比べると

　　$\overline{P(O)R} < \overline{P(A)R}、\overline{P(B)R}$

　このように、P→O→Rが最短距離になっています。反射の法則は、どのように光は進むの

かという「HOW」に答えているだけですが、最小作用の原理は、なぜそのように進むのかという「WHY」に答えるものだからこそ、私たちは納得するのです。先に反射の法則ありきではなく、さらに深い最小作用の原理から反射の法則が導き出されたのです。

03 最小作用の原理：自然は無駄をしない

最小作用の原理から反射の法則が導かれたように、最小作用の原理から運動方程式を導き、ニュートン力学をすっきりと納得のいくようにすることを考えます。ところで、図3のように、P、Q間でキャッチボールをしたとしましょう。P点から投げ出す速度が決まると、ボールの軌跡はただ一つ、図3のAという放物線になります。これ以外の軌跡にはならないのです。

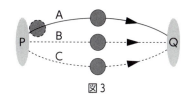

図3

P点からQ点に至る多くの経路の中から、なぜ実現可能な経路がただ1つだけ選ばれるのでしょうか。また、実際に選ばれる経路はどのような条件を満たしているのでしょうか。この疑問にこたえるのが最小作用の原理です。すでに見たように、最小作用の原理は、光は最短距離を通過することに端を発した原理で、「自然は無駄をしない」という時間や空間の性質に由来していました。物体の運動についても、その作用量が最小になるように運動の軌道が決まります。ここで、作用量とは運動物体の力学的エネルギーに移動距離 ds を掛けたものを指しています。現実におこる運動とは、「作用量が最小になるような運動」のことなのです。

作用量が最小値（極値）を取るとき、運動方程式が導かれるのです（図4）。

作用量 $I = \int_P^Q \left(\frac{1}{2}mv^2 + U(x) \right) ds$ を時間について微分する（わずかに変化させる）。

$$\frac{d}{dt} \int_P^Q \left(\frac{1}{2}mv^2 + U(x) \right) ds = \int_P^Q \frac{d}{dv}\left(\frac{1}{2}mv^2\right)\frac{dv}{dt} ds + \int_P^Q \frac{dU}{dx} \times \frac{dx}{dt} ds$$

$$= \int_P^Q mv \times a \, ds - \int_P^Q Fv \, ds = \int_P^Q (ma - F) v \, ds$$

作用量が最小値（極値）をとるとき、$\frac{dI}{dt} = 0$ を満たす。
このとき、$ma - F = 0$ であれば常に作用量は極値をとる。

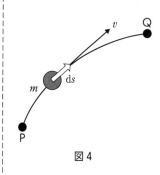

図4

ニュートン力学を解析的に体系化していく過程で、静力学（つり合い）と動力学（運動）とが統一されました。また、さまざまな保存の法則（運動量保存の法則や力学的エネルギー保存の法則、角運動量保存の法則など）が、運動方程式の性質、さらには時間や空間の性質と密接に関係していることも明らかになりました。運動方程式をも導き出す、より基本的な原理、それが最小作用の原理だったのです。

補章 その後のニュートン力学―経験科学から数理科学へ―

チャレンジ問題

水平でなめらかな床面上に質量 m_A、m_B（$m_A \geq m_B$）の 2 つの小物体 A、B がある。図 5 のように、速さ v_0 で運動してきた A が床面上に静止している B に弾性衝突した。その後、B は動き出し、床面に対して垂直に設けられた壁に弾性衝突した。なお、図 5 はこの様子を時間を追って表したものである。

啓介と美佳は、A の質量 m_A が増すにつれて、衝突する総回数（A と B との衝突、および B と壁との衝突の和）がどのように変化するかについて興味をもち、調べることにした。下の枠内は、二人の予想である。以下、この予想が妥当かどうかを確認しよう。

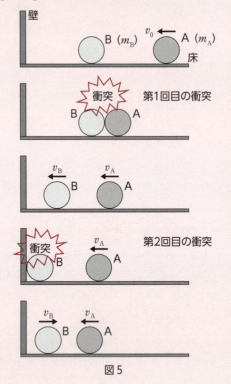

図 5

> 小物体 A の質量が小物体 B の質量の 10^{2n} 倍（n は 0、1、2 …）で増加するにつれて、衝突の総回数 N は円周率 π（3.14159・・・）の数字の列に限りなく近づく。

啓介は、A、B の衝突において成り立つ保存則として、次の 2 つを考えた。衝突後の A、B の速さを v_A、v_B としたとき

$$\frac{1}{2}m_A v_A^2 + \frac{1}{2}m_B v_B^2 = \frac{1}{2}m_A v_0^2 \quad \cdots ①$$

$$m_A v_A + m_B v_B = -m_A v_0 \quad \cdots ②$$

なお、右方向をプラスの向きに決めたという。

問 1 ①、②式はどのような物理量についての保存則か。また、これらの保存則は、どのような条件の下で成り立つか。

問 2 ①、②式を連立方程式とみなしたとき、啓介と美佳は変数変換をし、①、②式を直観的にとらえる方法を考え出した。以下は啓介のノートの記録の一部である。この記録について次の問い（(a)～(c)）に答えよ。

ここで、$\sqrt{m_A}v_A = x$、$\sqrt{m_B}v_B = y$
と置き換える。そうすると、①、②式は、それぞれ

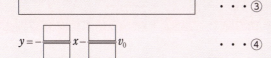 ・・・③

$y = -\boxed{}x - \boxed{}v_0$ ・・・④

となり、これらは図形としては円や直線を表している。そうすると、後はこれらの交点を考えればいいんだ。一般論はちょっと難しいので、ここでは<u>小物体AとBとの質量が等しい場合をまず考えてみよう</u>。この具体例から……

(a) ③式、④式を完成させよ。③式、④式の交点は、どのような物理量を表しているか。

(b) 下線部分の横には、図6が啓介のノートには記されていた。図中のQ〜S点は小物体A、Bのどのような状態を指しているか。ちなみにP点については、啓介は、「P点は、小物体Aが小物体Bに衝突する直前の運動の様子を表している」と走り書きしていた。

(c) 図6から、小物体Aと小物体Bとの衝突や小物体Bと壁との衝突は合計何回起こったと考えられるか。

問3 啓介の直観的にとらえる方法を用いて、小物体Aの質量が小物体Bの質量の4倍のときの衝突の総回数Nを求めよ。このとき、啓介の描いた図6をどのように修正したかについても示すこと。

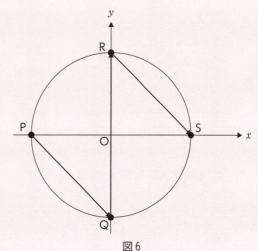

図6

 小物体Aの質量が小物体Bの質量よりもかなり大きいとき、たとえば小物体Aの質量が小物体Bの質量の10^8倍としたときの小物体Aと小物体B、また小物体Bと壁との衝突の総回数について考えてみよう。

問4 美佳によると、S点が満たすべき条件は、図7の「S点がこの領域に入ること」で満たされるという。このS点が満たすべき条件とはどのようなものか。また、小物体Aの質量が小物体Bの質量よりも大きくなるにつれ、この領域はどうなるか。なお、S点は小物体AとBが最後に衝突したときの小物体A、Bの速さに対応している。

問5 小物体Aと小物体B、また小物体Bと壁との衝突の総回数Nについて、小物体Aが小物体Bの質量よりもかなり大きいとき、たとえば10^8倍の違いがあるとき、啓介

は次の関係が成り立つと考えた。

> N（衝突の総回数）$\times \theta$（円周角）$= \pi$（円周率）

ここでθとは、啓介が描いた図8でいうと$\angle \mathrm{XYZ} = \theta$、すなわち円周角を指している。

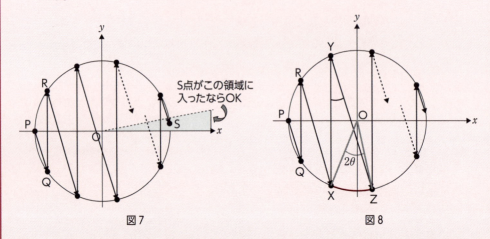

図7　　　　　　　　　図8

以下は啓介のノートの後半の記録である。

> 中心角と円周角の関係から$\angle \mathrm{XOZ} = 2\theta$、これは中学校で習った。それに円周率$\pi$を使うと、確か、一周360°は$2\pi$ラジアンだった。
> 小物体Ａの質量が小物体Ｂの質量に比べてかなり大きくなると、衝突の回数Nはすごく大きくなり、……逆にθはすごく小さくなる。でもこのとき、衝突の回数Nと中心角2θの間には……

この後、啓介はどのような説明をして、目的の式（$N \times \theta = \pi$）にたどり着いたと考えられるか。また、問4の結果はどこでどう使ったかも示せ。

問6 円周角θと小物体Ａの質量m_Aと小物体Ｂの質量m_Bとの間には$\tan\theta = \sqrt{\dfrac{m_\mathrm{B}}{m_\mathrm{A}}}$が成り立つことを示せ。また、小物体Ａの質量が小物体Ｂの質量の10^8倍のように非常に大きいとき、$\tan\theta = \theta$が成り立つことを用いて、啓介の当初の予想、すなわち

> 小物体Ａの質量が増すにつれて、衝突の総回数Nは円周率π（3.14159・・・）の数字の列に限りなく近づく。

が妥当かどうかを吟味せよ。なお、必要なら表1を用いてもよい。さらに、啓介の予想が妥当なら、小物体Ａの質量が小物体Ｂの質量の10^8倍のときの衝突回数Nはいくらになるか。

表1

m_A	m_B	$\tan\theta$	θ
100	1	$\dfrac{1}{10}$	0.099668652
10000	1	$\dfrac{1}{100}$	0.009999666
1000000	1	$\dfrac{1}{1000}$	0.000999999
100000000	1	$\dfrac{1}{10000}$	0.000099999

チャレンジ問題の解答・解説

問1 衝突現象であり、しかも床との摩擦はなく、さらに小物体どうしの衝突、壁と小物体Bの衝突はともに弾性衝突であるから、衝突の前後で運動量、運動エネルギーがともに保存する。

①式は運動エネルギーの保存則、また②式は運動量の保存則を示している。

①式が成り立つ条件は、弾性衝突のようにはね返りの係数が1の場合であり、また②式が成り立つ条件は、小物体Aと小物体Bにはたらく力が内力のみで、摩擦などの外力がはたらかない場合である。

問2 **(a)** ③式 $x^2 + y^2 = m_A v_0^2$ 、④式 $y = -\dfrac{\sqrt{m_A}}{\sqrt{m_B}} x - \dfrac{m_A}{\sqrt{m_B}} v_0$

これらの交点は、①式の運動エネルギー、および②式の運動量保存の両法則を満たす小物体A、小物体Bの速度を表している。すなわち、小物体Aと小物体Bの衝突や小物体Bと壁との衝突時のA、Bの速度を表している。

(b) Q点は、小物体A、小物体Bが最初に弾性衝突した際の衝突直後のA、Bの速度を表している。R点は、小物体Bが壁に弾性衝突した際の衝突直後のA、Bの速度を表している。S点は、小物体A、Bが2回目に弾性衝突した際の衝突直後のA、Bの速度を表している。

なお、S点の様子から、小物体Bは小物体Aと2回目の衝突後静止し、小物体Aの方は、最初の進んできた速さで右方向に進んでいったことが読み取れる。

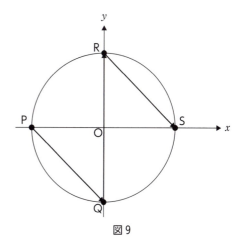

図9

(c) Q、R、S点から、小物体AとB、また小物体Bと壁との衝突回数の合計は3回である。

問 3 図10より

小物体 A と小物体 B の衝突回数は 3 回

物体 B と壁との衝突回数は 3 回

以上から合計 6 回、N は 6。

なお同図には各点での小物体 A、B の速度が示してある。

S 点は、$\left(\dfrac{117}{125}v_0, \dfrac{88}{125}v_0\right)$ であり、

$$v_A = \dfrac{117}{125}v_0 > v_B = \dfrac{88}{125}v_0$$

を満たしている。したがって、S 点が小物体 A、B が最後に衝突する点であることがわかる。

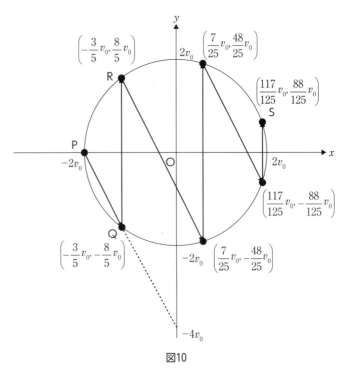

図10

問 4 小物体 A と B が最後に衝突する点が S 点であるから、満たすべき条件とは、$v_A > v_B$ であり、逆にこの条件が満たされていれば、S 点が小物体 A と小物体 B が衝突する最後の点である。

したがってこの領域は $v_A > v_B$ を満たしており、この領域に入った段階で次の小物体 A と小物体 B の衝突は起こらない。

この領域の傾き（直線 OS の傾き）は、$v_A = v_B$ より

$$\dfrac{\sqrt{m_B}}{\sqrt{m_A}} \quad \left(x = \sqrt{m_A}v_A \quad y = \sqrt{m_B}v_B \quad \text{から} \quad \dfrac{y}{x} = \dfrac{\sqrt{m_B}}{\sqrt{m_A}}\right)$$

である。したがって、質量として $m_A \gg m_B$ を満たしていれば、その傾きは非常に小さくなり、S 点はほとんど x 軸上に位置することになる。

問 5 図11で、小物体 A の質量 m_A が小物体 B の質量 m_B に比べて非常に大きい場合、直線 PQ （したがって RX、・・・）の傾きは

$$y = -\dfrac{\sqrt{m_A}}{\sqrt{m_B}}x - \dfrac{m_A}{\sqrt{m_B}}v_0 \qquad \dfrac{\sqrt{m_A}}{\sqrt{m_B}} \gg 1$$

から<u>急こう配になる</u>。

このとき、<u>図の Q 点よりも P 点に近づき、また問 4 の結果から、S 点はほとんど x 軸上</u>

に位置する。

よって、衝突の回数を N とすると、

$$\boxed{N \times 2\theta = 2\pi}$$

が成り立つようになる。したがって、小物体 A の質量が小物体 B の質量に比べて非常に大きいとき、

$$N \times \theta = \pi$$

が成り立つ。

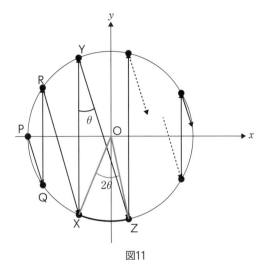

図11

問6 図11で直線 YZ の傾きは、図12から $\dfrac{r}{l}$ であり、小物体 A、B の質量を使って、

$\dfrac{r}{l} = \dfrac{\sqrt{m_A}}{\sqrt{m_B}}$ と表せる。一方、図12で角 θ の正接は $\tan\theta = \dfrac{l}{r}$ であり、

したがって、$\tan\theta = \dfrac{l}{r} = \dfrac{\sqrt{m_B}}{\sqrt{m_A}}$ となる。

また、$\dfrac{\sqrt{m_B}}{\sqrt{m_A}} \ll 1$ から $\tan\theta = \theta$ が成り立つので $\theta = \dfrac{\sqrt{m_B}}{\sqrt{m_A}}$ としてよい。

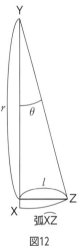

図12

そこで、啓介の導いた $N \times \theta = \pi$ に表1のデータを代入すると、すなわち $(m_A, m_B) = (10^2, 1)$、$(10^4, 1)$、$(10^6, 1)$ の各場合について

$(m_A, m_B) = (10^2, 1)$ のとき、$\theta = \dfrac{\sqrt{m_B}}{\sqrt{m_A}} = \dfrac{1}{\sqrt{10^2}} = \dfrac{1}{10}$ より $N \times 0.1 = \pi$

よって、このとき $N = 31$ となる。

以下同様に、

$(m_A, m_B) = (10^4, 1)$ のとき、$N \times 0.01 = \pi$ より $N = 314$

$(m_A, m_B) = (10^6, 1)$ のとき、$N \times 0.001 = \pi$ より $N = 3141$

これより、啓介の当初の予定、すなわち

「物体 A の質量が増すにつれて、衝突の総回数 N は円周率 π (3.14159・・・) の数字の列に限りなく近づく。」

は妥当なものと考えられる。

そこで、小物体 A の質量が小物体 B の質量の 10^8 倍のときの衝突回数 N は、表1より

$$\theta = \dfrac{\sqrt{m_B}}{\sqrt{m_A}} = \dfrac{1}{\sqrt{10^8}} = \dfrac{1}{10^4} = 0.0001 \ (\leftarrow 0.0000999\cdots)$$

よって $N \times \theta = \pi$ より $N \times 0.0001 = 3.1415$

衝突回数は $N = 31415$ となり、円周率の数字の列になっていることがわかる。

189

参考文献

1．『理科は理科系のための科目ですか』山下芳樹、森北出版、2005年

2．『理数オンチも科学にめざめる！高校物理"検定外"教科書』山下芳樹、宝島社新書、2007年

3．『「物理の学び」徹底理解　力学・熱力学・波動編』山下芳樹監修・編著、ミネルヴァ書房、2016年

4．『物理学の論理と方法（上・下）』菅野礼司、大月書店、1983年（上）・1984年（下）

　物理、特に力学関係の多くの書物の恩恵を受けていますが、ここでは特に印象に残っている下記の書名を記します。

5．『演習詳解 力学』江沢洋他、東京図書、1986年

6．『よくわかる力学』江沢洋、東京図書、1991年

7．『教養のための物理学』楠川絢一他、実教出版、2004年

8．『物理学序論としての力学』藤原邦男、東大出版会、1997年

9．『〈物理の考え方1〉力学の考え方』砂川重信、岩波書店、2009年

索　引

あ行

握力計 … 67
遊び方 … 35
アリストテレス … 73
アルキメデス … 58
安定な状態 … 47

位置エネルギー … 13, 14, 163, 166
1 N（ニュートン）… 130
1秒間あたりに移動した距離 … 81
移動距離と時間の関係を表すグラフ
　… 92
糸からの張力 … 109
糸に垂直な成分 … 25
糸に平行な成分 … 25
イメージ … 51
インペトス … 74

腕の長さ … 36
上向きに減速 … 98
運動エネルギー … 13, 14, 146, 163
運動の表し方 … 78
運動の第1法則 … 111, 112
運動の第2法則 … 111
運動の第3法則 … 111
運動の激しさ … 147
運動の変化の原因 … 62, 70
運動の変化の原因としての力 … 78
運動の法則 … 111
運動の量 … 146
運動方程式 … 130, 131
運動量 … 146, 147
運動量保存の法則 … 148

a-t グラフ … 92
エーテル … 180
x-t グラフ … 92
energy … 13
エネルギー … 13
エネルギー損失 … 156
エネルギーの視点 … 2
エネルギーの足りない状態 … 22
エネルギーのやり取り … 22
円慣性 … 75
遠日点 … 173

鉛直上向き … 98
鉛直下向き … 98
鉛直方向の力 … 110

追いつけ追い越せ問題 … 96
オイラー … 181
重さが集中している点 … 48
おもりの重さ … 31, 36

か行

解析的な力学 … 180
解析力学 … 181
外的な作用 … 146
回転楕円体 … 180
外力 … 149
科学の歴史 … 72
角速度 … 7
隠れた関係 … 31, 36
仮想仕事 … 45
仮想仕事の原理 … 45
仮想変位 … 45
加速されない状態 … 71
加速される状態 … 71
加速度 … 87
加速度運動 … 64
加速度と時間のグラフ … 92
加速度の単位 … 88
加速度や速度の測定機能 … 84
傾けるはたらき … 43
活力 … 146
渦動説 … 180
ガリレイ … 72, 74, 101, 120
ガリレイの慣性原理 … 121
ガリレイの相対性原理 … 122
慣性 … 112
慣性系 … 115, 120
慣性原理 … 120
慣性抗力 … 115
慣性質量 … 115
慣性の法則 … 74, 111, 112
慣性力 … 118, 119
完全非弾性衝突 … 154, 156

刻み込まれた力 … 74
基準 … 21, 100

基準面 … 14, 22
規則正しい動き … 2
基本的つり合いの条件 … 58
急激な変化 … 114
強制運動 … 73
極限 … 95
距離 … 78
ギリシャ数学 … 59
記録タイマー … 78
記録テープ … 79
近日点 … 173

空間と時間の基本的な性質 … 177
駆動力 … 74
グラフ化のメリット … 128
グラフの書き換え … 91
グラフの傾き … 86, 87
グラフの変換 … 86, 91
グラフの面積 … 86, 87

系統性 … 49
撃力 … 151
結果の記号化 … 129
ケプラーの第2法則 … 174
原体験 … 32, 35

公式 … 30
勾配 … 88
誤差 … 10

さ行

最小作用の原理 … 181
最大静止摩擦力 … 136, 137
作用・反作用の法則 … 63
作用反作用 … 134
作用反作用の法則 … 111
作用量 … 183
三角形の面積 … 90

g … 11
シーソー … 31
シーソー遊び … 31
時間 … 78
思考実験 … 75, 121, 171
仕事 … 13, 146

191

仕事としてのはたらき … 43
仕事の原理 … 39
仕事の単位 … 41
仕事の定義 … 41
仕事をする能力 … 13
自然運動 … 73
自然長 … 68
自然哲学の数学的原理 … 111
自然の長さ … 68
時速 … 78
下向きに加速 … 98
実験の技法 … 125
実験の方法 … 125
実際の運動 … 7
自転 … 121
支点からの距離 … 40
支点からの長さ … 31
斜面 … 101
斜面上での物体の運動 … 101
斜面の傾き … 102
斜面の性質 … 102
周期 … 2, 27
周期の振れ幅依存性 … 2
重心 … 42, 48, 160
重力 … 23, 63, 109
重力加速度 … 11, 70
重力質量 … 115
ジュール … 41
主体的な活動 … 36
瞬間の速さ … 80, 95
準静的な過程 … 164
小学校 … 2
小球にはたらく力 … 23
条件制御 … 126
衝突現象 … 148
身体活動 … 35
振幅 … 27

垂直抗力 … 63, 109
水平方向の力 … 109
図式化 … 17
ステップ1 … 131
ステップ2 … 131
ステップ3 … 131
スマートフォン … 84

静止摩擦係数 … 136
静止摩擦力 … 136
静力学 … 183

接線の傾き … 95
全体のイメージ … 50
全体の重心 … 51

走行距離 … 89
相対速度 … 99
測定結果 … 9

た行

台形の面積 … 99
楕円軌道 … 173
楕円積分 … 27
正しい間違い … 75
ダランベール … 181
探究的な姿勢 … 10
探究のしかた … 11
単振動 … 27, 137, 138
弾性エネルギー … 167
弾性衝突 … 151, 154, 156
単振り子 … 3

力と運動 … 108
力に共通する性質や特徴 … 62
力の表し方 … 65
力のかかり方 … 64
力の3要素 … 66
力の正体 … 108
力の性質 … 63
力の単位 … 130
力のつり合い … 63
力の能率 … 45
力のはたらき … 63
力の発見 … 131
力の見つけ方 … 65
力の向きに動いた距離 … 41
力のモーメント … 45
地動説 … 121
中学校理科 … 2
張力 … 23

つり合いの原因 … 62

出合う … 96
定性的な学び … 5
定性的表現 … 129
丁寧な書き方 … 19
テイラー展開 … 28
定量的な問いかけ … 4
定量的表現 … 129

デカルト … 120, 146
デカルト派 … 180
てこ実験器 … 36
てこの原理 … 35
てこの支点 … 160
てこのつり合いの規則性 … 44
てこのつり合いの式 … 40
てこのつり合いのシナリオ … 58
てこのはたらき … 30
てこを傾けるはたらき … 36, 42
電車内にいる人 … 118
電車の外にいる人 … 118

等加速度運動 … 89, 105
等速円運動 … 7
等速直線運動 … 105, 110
等速度運動 … 71
動摩擦係数 … 136
動摩擦力 … 109, 137
動力学 … 183
ドーナツ … 48
トーマス・ヤング … 13
時計回り … 43

な行

内力 … 149

ニュートン … 72, 111

伸び … 68

は行

はね返りの係数 … 153
ばね定数 … 68
ばねの性質 … 67
ばらつき方 … 10
反時計回り … 43
反発係数 … 153
反比例 … 124
万有引力 … 171

非弾性衝突 … 154, 157
ビッグデータ … 10
微分 … 95
ビュリダン … 74
比例の関係 … 124

$v\text{-}t$ グラフ … 82
$v\text{-}t$ グラフ、$x\text{-}t$ グラフの活用 … 131

v-t グラフの傾き … 88
v-t グラフの活用 … 86
v-t グラフの面積 … 89
フィロポノス … 74
フェルマー … 181
復元力 … 139
物体 B に対する物体 A の相対速度
　… 100
物体に加えた力 … 41
物体の質量 … 115
物理の学びの秘訣 … 30
プトレマイオス … 121
プトレマイオスの疑問 … 121, 122
ブランコ … 3
振り子 … 2
振り子の運動の規則性 … 6
振り子の周期 … 27
振り子の等時性 … 2, 4
振り子の長さ … 2
浮力 … 49, 52, 53
プリンキピア … 111
振れの角 … 27
振れ幅 … 2

平均の速さ … 80

ベクトル … 66
変形の原因 … 62

放物線 … 72
保存力 … 164, 165, 166
本当の時刻 0 の位置 … 83

ま行

マイナスのエネルギー … 22
マイナスの状態 … 22
学びの原点 … 32

見かけの力 … 119
密度 … 52
見通し … 51

メートル毎秒毎秒 … 88
面積速度一定の法則 … 174

問題の状況 … 20

や行

矢印 … 65, 66

遊具 … 3, 31

ゆがめられた重力 … 119

ら行

ライプニッツ … 146
ラグランジュ … 181

理科の考え方 … 126
理科の見方・考え方 … 11
力学台車 … 125
力学的エネルギー … 13, 14, 163
力学的エネルギー保存の法則 … 2,
　6, 14, 15, 164
力学分野学習項目一覧表 … iv, 30
力積 … 146, 151
lim（リミット） … 95
量的・関係的 … 44

令和の時代 … 10

録画機能 … 84

わ行

輪っかの抵抗力 … 114

―― 著 者 略 歴 ――

山下 芳樹（やました よしき）

　大阪市立大学大学院理学研究科物理学専攻博士課程修了. 博士（理学）.
滋賀県立膳所高等学校教諭を経て, 弘前大学, 広島大学大学院教育学研究
科, 立命館大学産業社会学部・同社会学研究科教授を務める. この間, テネ
シー州立大学, ロンドン大学招聘研究員, 大学入試センター試験第一委員会
委員等を歴任. 現在は留学生や高校生への物理の指導を通して, その醍醐味
を味わうことに喜びを感じている.
　主な著書に,『授業づくりのための中等理科教育法』（編著, ミネルヴァ書
房）,『すべての答えは小学校理科にある＜電気・磁気編＞』（電気書院）ほ
か多数.

© Yoshiki Yamashita 2024

すべての答えは小学校理科にある＜力と運動編＞

2024年 9月 6日　　第1版第1刷発行

著　者　山　下　芳　樹

発行者　田　中　聡

発　行　所
株式会社　電　気　書　院
ホームページ　www.denkishoin.co.jp
（振替口座　00190-5-18837）
〒101-0051　東京都千代田区神田神保町1-3ミヤタビル2F
電話(03)5259-9160／FAX(03)5259-9162

印刷　亜細亜印刷株式会社
Printed in Japan／ISBN978-4-485-30124-1

・落丁・乱丁の際は, 送料弊社負担にてお取り替えいたします.

JCOPY 〈出版者著作権管理機構 委託出版物〉

本書の無断複写（電子化含む）は著作権法上での例外を除き禁じられていま
す. 複写される場合は, そのつど事前に, 出版者著作権管理機構（電話: 03-
5244-5088, FAX: 03-5244-5089, e-mail: info@jcopy.or.jp）の許諾を得てください.
また本書を代行業者等の第三者に依頼してスキャンやデジタル化すること
は, たとえ個人や家庭内での利用であっても一切認められません.

書籍の正誤について

万一，内容に誤りと思われる箇所がございましたら，以下の方法でご確認いただきますようお願いいたします．

なお，正誤のお問合せ以外の書籍の内容に関する解説や受験指導などは**行っておりません**．このようなお問合せにつきましては，お答えいたしかねますので，予めご了承ください．

正誤表の確認方法

最新の正誤表は，弊社Webページに掲載しております．書籍検索で「正誤表あり」や「キーワード検索」などを用いて，書籍詳細ページをご覧ください．

正誤表があるものに関しましては，書影の下の方に正誤表をダウンロードできるリンクが表示されます．表示されないものに関しましては，正誤表がございません．

弊社Webページアドレス
https://www.denkishoin.co.jp/

正誤のお問合せ方法

正誤表がない場合，あるいは当該箇所が掲載されていない場合は，書名，版刷，発行年月日，お客様のお名前，ご連絡先を明記の上，具体的な記載場所とお問合せの内容を添えて，下記のいずれかの方法でお問合せください．

回答まで，時間がかかる場合もございますので，予めご了承ください．

 郵送先　〒101-0051
東京都千代田区神田神保町1-3
ミヤタビル2F
㈱電気書院　編集部　正誤問合せ係

 ファクス番号　**03-5259-9162**

 弊社Webページ右上の「**お問い合わせ**」から
https://www.denkishoin.co.jp/

お電話でのお問合せは，承れません